高职高专土建类工学结合"十二五"规划教材

工程自动算量软件应用
（广联达版）

The Application of Engineering Quantity
Automatic Measurement Software
（Glodon Edition）

主　编　莫荣锋　万小华

副主编　李延超　归晓慧　周怡安
　　　　王万春　盛　丹

参　编　黄臣臣　覃小香　李　茂　喻小娥

中国·武汉

图书在版编目(CIP)数据

工程自动算量软件应用(广联达版)/莫荣锋,万小华主编.—武汉:华中科技大学出版社,2014.2
(2023.1重印)
ISBN 978-7-5609-6984-8

Ⅰ.①工… Ⅱ.①莫… ②万… Ⅲ.①建筑工程-工程造价-应用软件-高等职业教育-教材
Ⅳ.①TU723.3-39

中国版本图书馆 CIP 数据核字(2014)第 026504 号

工程自动算量软件应用(广联达版)　　　　　　　　　　莫荣锋　　万小华　主编

责任编辑：金　紫
封面设计：李　嫚
责任校对：邹　东
责任监印：朱　玢
出版发行：华中科技大学出版社(中国·武汉)　　电话：(027)81321913
　　　　　武汉市东湖新技术开发区华工科技园　　邮编：430223
录　　排：华中科技大学惠友文印中心
印　　刷：武汉邮科印务有限公司
开　　本：787mm×1092mm　1/16
印　　张：13
字　　数：334 千字
版　　次：2023 年 1 月第 1 版第 13 次印刷
定　　价：39.80 元

内 容 简 介

本书以最新版广联达算量软件为主要应用软件,全面介绍了广联达算量软件。本书内容模块中的每章节都以真实项目为例进行讲解,课后习题采用大量真实案例进行训练,整个过程以真实项目为载体,让学生在学中练、练中学,从而提高学生的实际操作能力。

本书内容分为以下四项。

内容一,学习钢筋算量软件。

了解钢筋工程量计算思路。熟悉用算量软件做工程的流程。初步掌握软件的基础知识。掌握各种构件的定义和绘制:框架柱定义及绘制,框架梁定义及绘制,现浇板定义及绘制,板受力筋定义及绘制,板负筋定义及绘制,基础定义及绘制墙定义、绘制门窗洞定义单构件输入。根据以上知识,学生可以独立绘制所需计算工程的模型。

内容二,学习土建图形算量软件。

掌握图形工程量计算思路,建筑部分套取清单和定额,计算每个子目(清单)工程量,套用定额计算消耗量。

内容三,学习 CAD 图智能识别。

掌握用算量软件导入 CAD 图的步骤及方法。导入 CAD 图,识别轴网,识别柱,识别梁,识别受力筋,识别负筋。

内容四,案例工程操作。

以实际工程图纸学习,理解做实际工程的思路,计算相应工程的工程量。

前　言

随着建筑信息化的发展及计算机的迅速普及,工程造价电算化已经成为工程造价领域未来发展的必然趋势。

最近 10 年,造价行业发生了巨大的变化:中国的基础建设投资平均每年以 15% 的速度增长,但造价从业人员的数量还不到 10 年前的 80%,造价从业人员的平均年龄比 10 年前降低了 8.47 岁,而粗略计算目前平均每个造价从业者的工作量大概是 10 年前的 40 倍。在这个过程中,电算化所起的作用是显而易见的。因此,造价工作者学习、使用计算机辅助工作是跟上行业发展的需求。

本书的编写主要以具体的工程实例绘图计算过程为主线,过程中加入常用功能的使用方法及常遇到问题的处理方法,通过"讲解+练习"的形式来满足读者的需要。希望通过本教材的学习,大家能够掌握学习和使用软件的方法,以便在课外自行练习和测试时解决实际应用过程中遇到的问题。

本课程的学习目标如下。

① 掌握用算量软件做工程的流程,熟练掌握算量软件常用功能的操作。

② 掌握用算量软件计算主要构件工程量的方法并能够理解软件计算结果。

③ 掌握用算量软件导入 CAD 图的步骤及方法。

④ 通过实际工程图纸的学习,理解做实际工程的思路,并建立做实际工程的信心。

此书既可作为高职、中职院校工程造价、工程管理、建筑工程技术、房地产经营与估价等相关专业的教材,也可作为相关技术人员的参考教材。

本书由南宁职业技术学院莫荣锋、湖南工程职业技术学院万小华担任主编;湖南城建职业技术学院李延超、南宁职业技术学院归晓慧、湖南工程职业技术学院周怡安、广西生态工程职业技术学院王万春、广西理工职业技术学院盛丹担任副主编;南宁职业技术学院黄臣臣、覃小香,湖南工程职业技术学院李茂、广西理工职业技术学院喻小娥担任参编。全书由莫荣锋负责统稿。

由于编者水平有限,经验不足,书中的缺点和错误在所难免,恳请读者给予批评指正。

编者

2014.2

目　　录

第一部分
广联达钢筋算量软件 GGJ2013

　　广联达钢筋算量软件 GGJ2013 是基于国家规范和平法标准图集,采用绘图方式,整体考虑构件之间的扣减关系,辅助以表格输入,解决工程造价人员在招投标、施工过程提量和结算阶段钢筋工程量的计算的一款工程算量软件。GGJ2013 软件自动考虑构件之间的关联和扣减,使用者只需要完成绘图即可实现钢筋量的计算。该软件内置计算规则并可修改,计算过程有据可依,便于查看和控制,满足多种算量需求。报表种类齐全,可以满足工程进度中的各阶段多方面需求。软件还有助于学习和应用建筑结构平面整体设计方法,降低钢筋算量的难度,大大提高工作效率。

第1章 广联达钢筋算量软件 GGJ2013 概述

1.1 GGJ2013 软件简介

在整个建筑行业中,随着竞争的加剧,招投标周期越来越短,预算的精度要求越来越高,传统的手工算法已经不能满足日常工作的需求,我们只有利用计算机才能快速、准确地算量。因此方便、准确的软件辅助计算工具也成为业内人士迫切需要的高效工作的助手。

GGJ2013 软件综合考虑了平法系列图集、结构设计规范、施工验收规范以及常见的钢筋施工工艺,能够满足不同的钢筋计算要求。该软件不仅能够完整地计算工程的钢筋总量,而且能够根据工程要求按照结构类型、楼层及构件的不同,计算出各自的钢筋明细量。

1.2 GGJ2013 软件的算量思路

GGJ2013 软件可以通过画图的方式,快速建立建筑物的计算模型。软件根据内置的平法图集和规范实现自动扣减,精确算量。内置平法和规范还可以根据不同的要求,自行设置和修改,满足用户不同的需求。在计算过程中,工程造价人员能够快速、准确地计算和核对,达到钢筋算量方法实用化、算量过程可视化、算量结果准确化的目的。

1.3 软件做工程的构件绘制流程

使用 GGJ2013 软件做实际工程时,一般推荐用户按照先主体再零星的原则,即先绘制和计算主体结构,再绘制和计算零星构件的顺序。

① 针对不同的结构类型,采用不同的绘制顺序,能够方便绘制,快速计算,提高工作效率。对不同的结构类型,可以采用以下绘制流程。

a. 剪力墙结构:剪力墙→门窗洞→暗柱/端柱→暗梁/连梁。

b. 框架结构:柱→梁→板。

c. 框剪结构:柱→剪力墙→梁→板→砌体墙。

d. 砖混结构:砖墙→门窗洞→构造柱→圈梁。

② 根据结构的不同部位,推荐使用绘制流程为:首层→地上→地下→基础。

说明:本书中绘制和计算的流程均为针对一般工程和样例工程推荐的方式,不是必须遵循的操作流程。用户在做实际工程时,可以根据自己的需要,调整绘图顺序和算量思路。

第 2 章　软件使用初体验

2.1　软件绘图学习的重点——点、线、面的绘制

GGJ2013 软件主要是通过绘图建立模型的方式来进行钢筋量的计算,构件图元的绘制是软件使用中重要的部分。因此对绘图方式的了解是学习软件算量的基础。下面概括介绍软件中构件的图元形式和常用的绘制方式。

2.1.1　构件图元的分类

工程实际中的构件按照图元形状可以划分为点状构件、线状构件和面状构件。

① 点状构件包括柱、门窗洞口、独立基础、桩、桩承台等。

② 线状构件包括梁、墙、条形基础。

③ 面状构件包括现浇板、筏板基础。

不同形状的构件,有不同的绘制方法。对于点状构件,主要是【点】画法;线状构件可以使用【直线】画法和【弧线】画法,也可以使用【矩形】画法在封闭的区域内绘制;面状构件,可以采用【直线】绘制边围成面状图元的画法,也可以采用【弧线】画法、【点】画法、【矩形】画法。

2.1.2　【点】画法和【直线】画法

（1）【点】画法

【点】画法适用于点状构件(例如柱)和面状构件(例如现浇板)。操作方法如下。

第一步:在"构件工具条"中选择一种已经定义好的构件,如图 2-1 所示,选择 KZ1。

首层 ∨ 常用构件 ∨ 框柱　　KZ1　　∨ ∿ 属性 ⌐ 编辑钢筋 ⊞ 构件列表 ✐ 拾取构件

图 2-1　构件工具条

第二步:在"绘图工具条"中选择【点】,如图 2-2 所示。

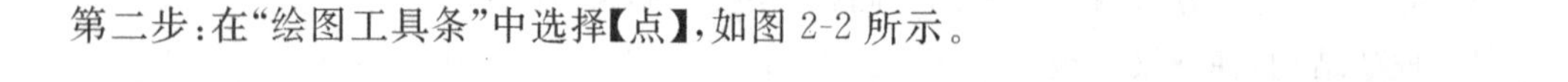

⋮ 选择 ▾ ⊡ 点 ⭮ 旋转点 ⋮ 智能布置 ▾ ✐ 原位标注 ⊟ 图元柱表 ⌐ 调整柱端头 ⌐ 按墙位置绘制柱 ▾ ✐ 自动判断边角柱 ⊠ 查改标注 ▾

图 2-2　绘图工具条

第三步:在绘图区内,鼠标左键点击一点作为构件的插入点,完成绘制。

说明:①选择了适用于点状绘制的构件后,软件会默认为点式绘制,直接在绘图区域绘制即可。例如在"构件工具条"中选择了"框架柱"之后,可以跳过绘图步骤的第二步,直接绘制。

②对于面状构件的点式绘制,例如板、筏板等,必须在其他构件(例如梁和墙)围成的封闭空间内才能进行点式绘制。

（2）【直线】画法

【直线】绘制主要适用于线状构件，当需要绘制一条或者多条连续的直线时，可以采用绘制【直线】的方式。操作方法如下。

第一步：在"构件工具条"中选择一种已经定义的构件，如图 2-3 所示的框架梁 KL1。

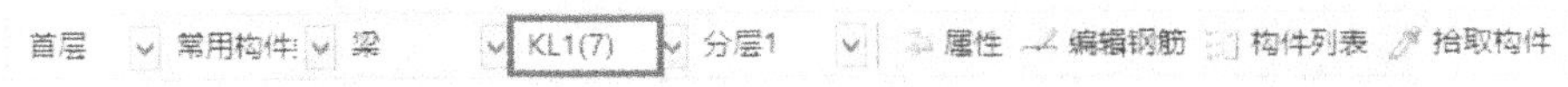

首层 ∨ 常用构件∨ 梁 ∨ KL1(7) ∨ 分层1 ∨ ∥ 属性 ✎ 编辑钢筋 ⊞ 构件列表 ∥ 拾取构件

图 2-3 构件工具条

第二步：左键点击"绘图工具条"中的【直线】，如图 2-4 所示。

选择 ▾ ╲ 直线 ∽ 点加长度 ⌒ 三点画弧 ▾ ∨ ▯ 矩形 ⊞ 智能布置▾ 〒 修改梁段属性 ✎ 原位标注 ▾

图 2-4 绘图工具条

第三步：用鼠标点取第一点，再点取第二点可以画出第一道梁，再点取第三点就可以在第二点和第三点之间画出第二道梁，依此类推。这种画法是系统默认的画法。当在连续绘图的中间需要从一点直接跳到一个不连续的地方时，点击鼠标右键临时中断，然后再到新的轴线交点上继续点取第一点即可开始连续绘图，如图 2-5 所示。

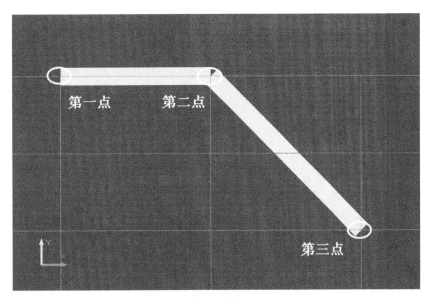

图 2-5 通过鼠标点取方式画梁

直线绘制现浇板等面状图元，采用和直线绘制梁同样的方法，不同的是要连续绘制，使绘制的线围成一个封闭的区域，形成一块面状图元，绘制结果如图 2-6 所示。

其他的绘图方法，请参照软件内置的"文字帮助"中的相关内容。

了解了软件中的构件形状分类，学会了主要的绘制方法，就可以快速地在绘图区进行构件的建模，进而完成工程量的计算。

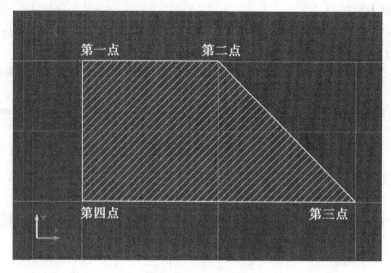

图 2-6　绘制面状图元

2.2　软件操作流程

GGJ2013 钢筋算量软件的操作流程如图 2-7 所示。

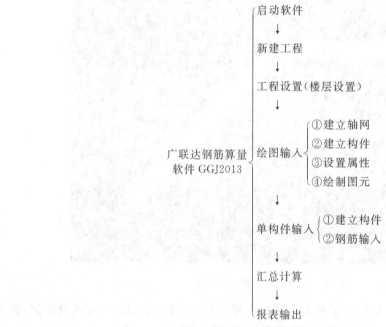

图 2-7　GGJ2013 钢筋算量操作流程

第 3 章 实际案例工程操作

本章将通过对样例工程绘制的介绍和演示,使用户掌握以下内容。

1. 用软件做工程的流程。

2. 用软件做工程的基本技能。

3.1 工程的建立

3.1.1 启动软件

在桌面上双击图标"广联达钢筋算量 GGJ2013"(见图 3-1)可以启动软件,或选择 Windows【开始】→【所有程序】→【广联达建设工程造价管理整体解决方案】→【广联达钢筋算量 GGJ2013】也可以启动软件。

图 3-1 广联达钢筋算量 GGJ2013 图标桌面快捷方式

3.1.2 新建工程

(1)启动软件后,进入如图 3-2 所示界面"欢迎使用 GGJ2013"。

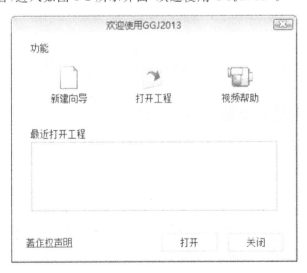

图 3-2 GGJ2013 启动界面

(2)用鼠标左键点击欢迎界面上的"新建向导",进入新建工程界面,如图 3-3 所示。具体操作步骤如下。

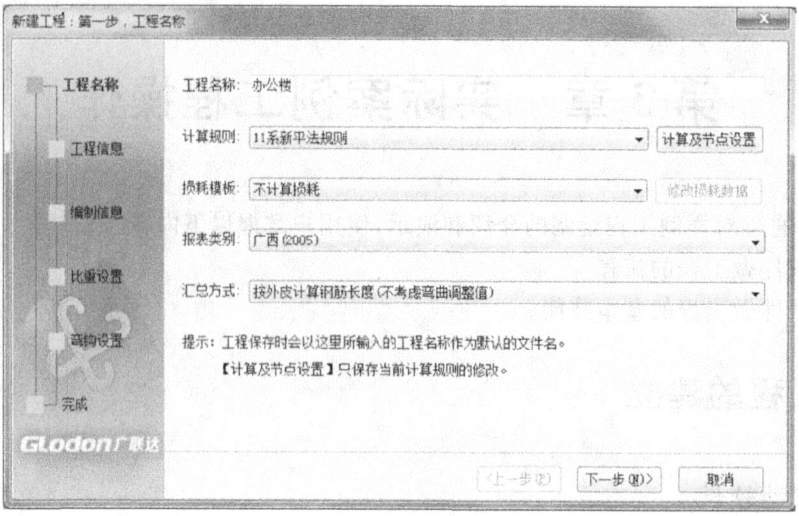

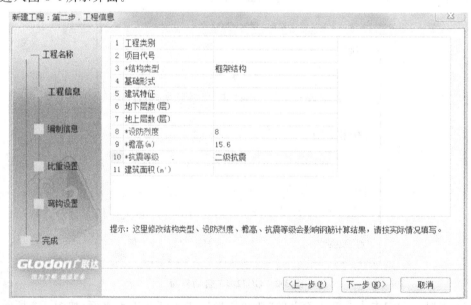

图 3-3　工程名称输入界面

【第一步】输入工程名称:办公楼。

【第二步】根据各地区钢筋计算损耗率,选择报表"损耗模板",同时也可以按照实际工程的需要,在"修改损耗数据"页面中对钢筋损耗数据进行设置和修改。

【第三步】根据各地区定额及报表的差异性选择"报表类别"。

【第四步】根据图纸和计算要求,选择相应的计算规则:"平法"00G101 系列/03G101 系列/11 系新平法规则(软件已按常规计算方式设置好了,如实际工程中有不同的计算方式,可以点击"计算及节点设置"按钮修改计算规则)。

【第五步】选择钢筋长度计算方式:通常情况下预算、结算均可选择"按外皮计算钢筋长度",施工放样时可以选择"按中轴线计算钢筋"作为钢筋下料长度参考值;然后单击"下一步",进入图 3-4 所示界面。

图 3-4　完善工程信息界面

　　【第六步】在"工程信息"中填入结构类型、设防烈度和檐高,软件会自动计算出"抗震等级",也可以在"抗震等级"中直接选择,然后点击"下一步"。

　　【第七步】在"编辑信息"中填入工程的基本信息,方便进行工程管理(该部分对工程量计算没有任何影响,可以不输入),然后单击"下一步",进入图 3-5 所示界面。

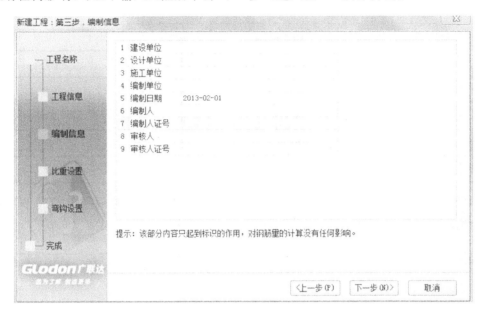

图 3-5　编制信息

　　【第八步】在"比重设置"中可进行钢筋比重的调整。需要注意的是,一般现行的工程图纸中,直径标注为 6 mm 的钢筋,在实际工程中都是使用直径为 6.5 mm 的钢筋,因此,图纸上标注直径为 6 mm,实际在计算钢筋重量的时候要按直径 6.5 mm 的钢筋比重进行。在软件中的处理方法是,直接把直径 6.5 mm 的钢筋比重 0.26 kg/m 复制粘贴到直径 6 mm 的钢筋比重一栏,覆盖即可进入图 3-6 所示界面。另外,软件中钢筋级别的输入格式如表 3-1 所示。

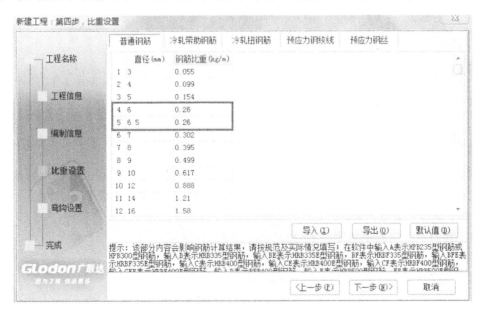

图 3-6　比重设置

表 3-1 钢筋级别的符号及软件代号

钢筋种类	牌 号	符 号	软 件 代 号
热轧光圆钢筋	HPB300	Φ	A
普通热轧带肋钢筋	HRB335	Φ	B
细晶粒热轧带肋钢筋	HRBF335	ΦF	BF
普通热轧带肋钢筋	HRB400	Φ	C
细晶粒热轧带肋钢筋	HRBF400	ΦF	CF
余热处理带肋钢筋	RRB400	ΦR	D
普通热轧带肋钢筋	HRB500	Φ	E
细晶粒热轧带肋钢筋	HRBF500	ΦF	EF

【第九步】在"弯钩设置"中可调整弯钩长度（一般不需要调整），然后点击"下一步"，进入图 3-7 所示界面。

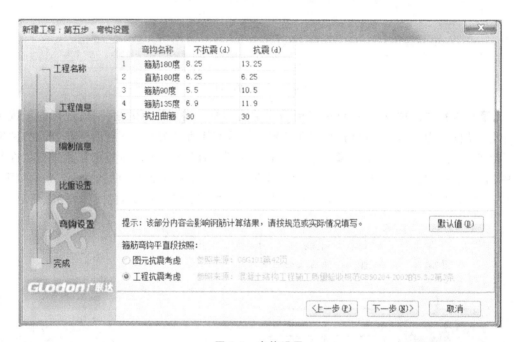

图 3-7 弯钩设置

【第十步】预览新建工程的基本信息。如果需要修改，可以点击"上一步"进行修改，确认信息无误后则点击"完成"按钮进入图 3-8 所示界面，新工程就建立完成了。

（3）在软件中新建工程。

在已经打开的工程中新建工程，操作步骤如下。

【第一步】单击菜单栏"文件"中的"新建"按钮，如图 3-9 所示。

【第二步】在新建工程向导中进行设置即可。

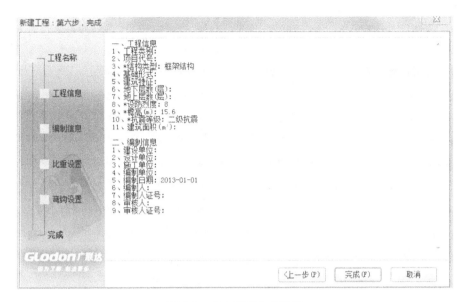

图 3-8　建立工程完成窗口

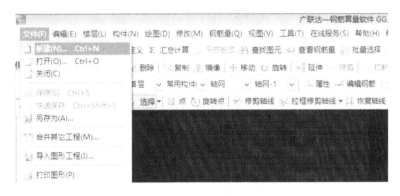

图 3-9　"新建"按钮

3.2　工程设置

在新建完工程后,需要重新填写或者修改工程信息、报表类别、钢筋损耗、抗震等级、汇总方式等信息时,可以在"工程设置"页面重新进行设定、修改。

3.2.1　工程信息

在 3.1.2 中【第十步】点击完成切换到"工程信息"界面。该界面显示了新建工程的工程信息,供用户查看和修改,如图 3-10 所示。

3.2.2　计算设置

计算设置部分的内容,是软件内置的规范和图集的显示,包括各类型构件计算过程中所用到的参数的设置,其会直接影响钢筋计算的结果;软件中默认的都是规范中规定的数值和工程中最常用的数值,按照图集设计的工程一般不需要进行修改;有特殊需要时,用户可以

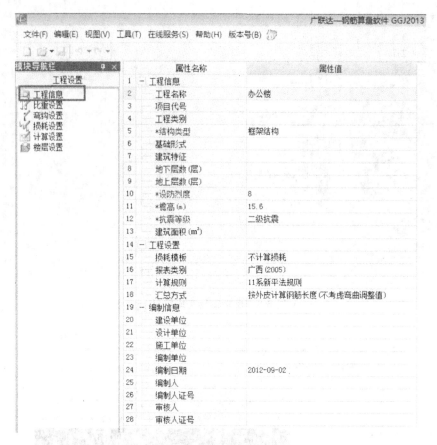

图 3-10 工程信息

根据结构施工说明和施工图来对具体的项目进行修改,如图 3-11 所示。

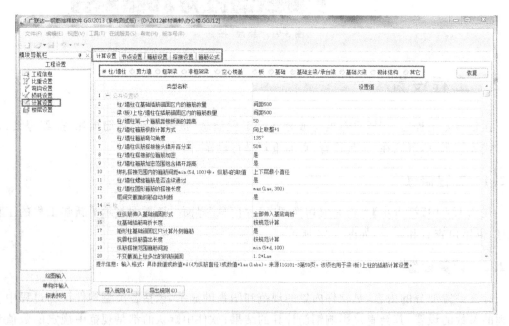

图 3-11 计算设置

基础插筋的弯折长度,默认为 a(可在"计算设置→节点设置→柱→基础插筋"查看),如图 3-12 所示。

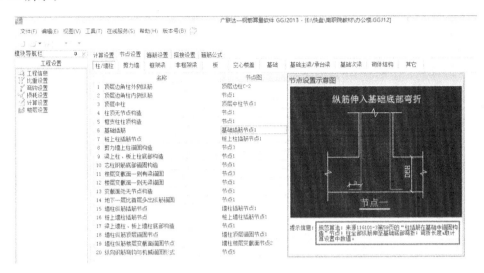

图 3-12 节点设置界面

依据 11G101-3 第 59 页:$h_j > L_{ae} \rightarrow a = \max(6d, 150)$,$h_j \leqslant L_{ae} \rightarrow a = 15d$($d$ 为纵筋直径);分析办公楼图纸,在"结施-03"可知基础插筋的弯折长度为 250,因此直接修改 a 值为 250 即可,如图 3-13 所示。

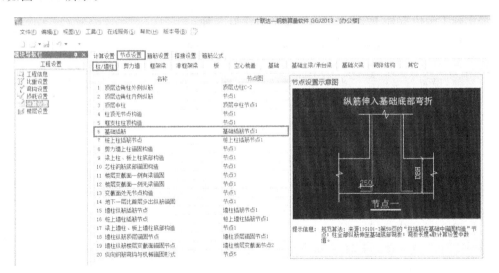

图 3-13 柱节点设置

在"计算设置"页面,软件均已按照现行"平法"XG101-X 系列图集和规范进行了设置,如设计图纸有特殊规定,可以自行进行设置、修改。

3.2.3 楼层设置

(1)建立楼层

在此页面可以通过"插入楼层"按钮快速建立楼层。如果要删除多余或错误的楼层,则点击"删除楼层"按钮进行删除,如图 3-14 所示。

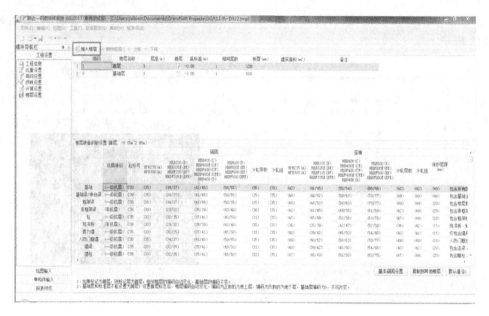

图 3-14　建立楼层操作

（2）标准层的建立

如在实际工程中，第二层到第五层为标准层时，在相同层数处输入层数"4"回车即可。继续点击"插入楼层"软件会自动添加到第六层。

（3）地下室的建立

如实际工程中有地下室，添加地下室的方法有三种。

第一种：鼠标点击到基础层，点击"插入楼层"，软件自动添加第－1层，编码为－1；如果还有地下室，继续点击"插入楼层"，软件会继续添加第－2层，编码为－2；以此类推。

第二种：设置首层标志。当设置首层标志后，楼层编码会自动变化。编码为正数的是地上层，编码为负数的是地下层，基础层编码为0，不可改变。

第三种：添加楼层后，把鼠标点击到首层，点击"上移"按钮，首层进行上移后，软件会自动添加第－1层。

（4）层高定义

基础层高：无地下室时，从基础垫层面（即基础底面）至首层结构地面；有地下室时，从基础垫层面（即基础底面）到地下室底板面，均不考虑垫层高度。

主体层高：各楼层板面结构标高差设置为当前楼层层高。

屋面层高：屋面板顶以上部分（包括女儿墙、屋面楼梯间、屋面消防水池等）设置为一个楼层。

（5）设置首层底标高

在实际工程中，建筑标高和结构标高都有一定的差值。根据实际情况调整首层底标高后，其余各楼层的底标高，软件会自动根据各楼层的楼层高度设定值改变各楼层的底标高。

说明：如基础有多个标高时，按标高最低的基础底标高定义基础层层高，其余基础即可在相应的层高范围内进行调整。屋面层层高同理按标高最高的构件至屋面板顶高度定义层高。

（6）楼层信息的设置

在实际工程中，不同楼层可能混凝土标号会不同，不同构件抗震等级可能也会不同。因此，各构件的锚固、搭接也就不同了。可以在"楼层管理"中进行设置，操作步骤如下。

【第一步】选择相应的楼层，再选择相应的构件类型，直接点击"抗震等级""混凝土标号"

下拉菜单进行选择(修改后颜色会发生变化),软件自动按照"平法"图集 XG101-X 内容进行设置,钢筋的锚固、搭接值会自动修改,如图 3-15 所示。

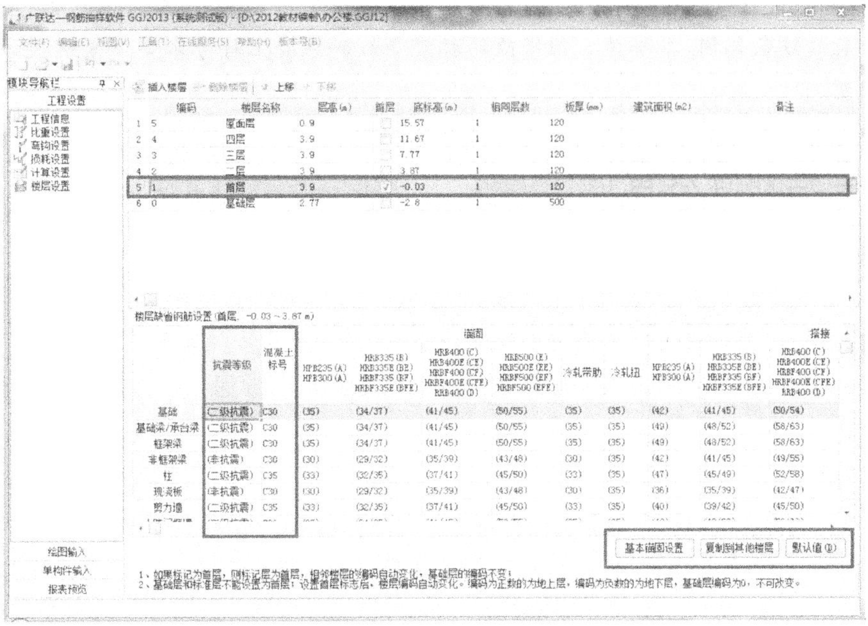

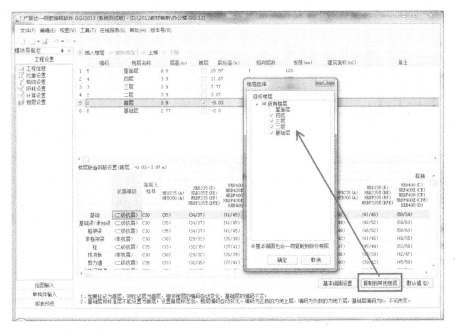

图 3-15　设置砼标号界面

【第二步】调整不同构件的"保护层"厚度。

【第三步】如果第二层的混凝土标号、构件抗震等级、保护层均与第一层相同,可以点击"复制到其他楼层"按钮,在弹出的窗口选择需要复制的楼层即可。这个方法可以快速复制多个楼层,如图 3-16 所示。

图 3-16　复制楼层命令

说明:锚固、搭接值中的(34/37),"/"前面的表示钢筋直径 $d \leqslant 25$ mm 钢筋的取值,"/"后面的表示钢筋直径 $d > 25$ mm 的取值。如果实际工程中构件的锚固、搭接值与规范取值不同,可以直接进行修改(不加括号,有括号表示软件默认值)。修改后可以点击"默认值"按钮恢复原来的默认锚固、搭接值。但修改的抗震等级和混凝土标号不会恢复默认,要修改可以重新调整。

3.3 工程保存及备份

3.3.1 工程保存

新建工程后,使用"保存"功能可以保存新建的工程,操作步骤如下。

【第一步】点击菜单栏"工程"中的"保存"键,或工具栏上的保存按钮 ，如图 3-17 和图 3-18 所示。

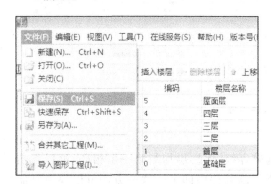

图 3-17 文件菜单栏保存

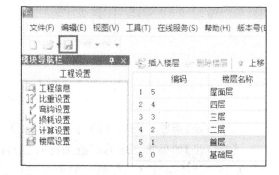

图 3-18 工程工具栏保存

【第二步】弹出对话框后,在文件名一栏中输入工程名称,选择存储位置,点击"保存"按钮即可。

说明:"另存为"功能可以把当前工程以另外一个名称保存,操作步骤同"保存"功能;软件默认保存工程的路径可以查看"标题栏";软件默认自动提示保存时间为 15 min。

3.3.2 备份工程

为使工程数据更加安全,软件每点击保存一次会自动以当前系统时间备份一个工程,备份文件默认存储路径("我的文档\Documents\GrandSoft Projects\GGJ\12.0\Backup\当前工程名称文件夹",本路径参考 windows7 系统)。每个备份工程的名称都带有具体的备份时间,并且时间精确到秒,方便提取。另外,软件为了防止备份工程的数据被一些病毒恶意篡改,所有备份的时候文件都为未识别文件,如图 3-19 所示。需要提取备份工程的时候,将文件进行重命名后删除后缀".BAK",回车即可。

办公楼-2013-07-27-11-42-55.GGJ12.BAK　　办公楼-2013-07-27-11-42-55.GGJ12

图 3-19 备份文件

说明:点击"菜单栏"工具——选项,在文件一栏中,可以修改软件自动保存时间,并且可以修改备份文件的存储路径和清理备份文件。

3.4 轴网

3.4.1 轴网的定义

点击模块导航栏中的"绘图输入",切换到绘图输入页面,如图 3-20 所示。

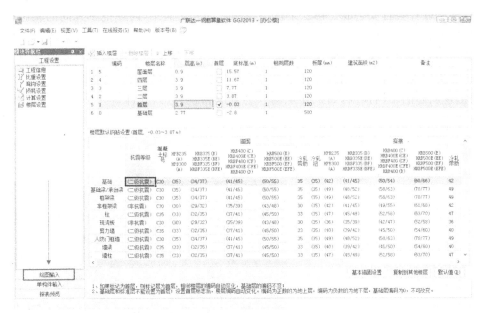

图 3-20 模块导航栏

点击到"模块导航栏"中"轴线",双击"轴网";或点击到模块导航栏中"轴线"后,选择"轴网",然后点击工具栏"定义"按钮,如图 3-21 所示。

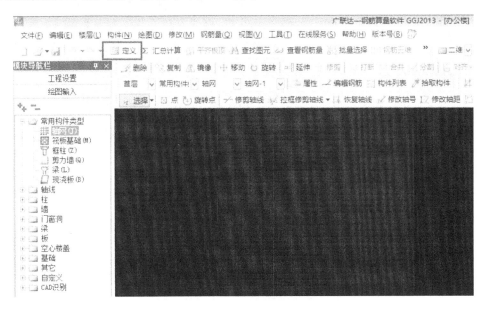

图 3-21 定义轴网界面

软件共分三种类型的轴网,正交轴网、圆弧轴网、斜交轴网。以办公楼轴网为例(轴网为正交轴网),操作步骤如下。

【第一步】点击"新建"按钮新建"正交轴网"。

【第二步】在属性值输入相应的轴网名称,然后在类型选择里选择开间或进深。开间和进深简单来说就是对应图纸上的"上""下""左""右"四个方向。先选择"下开间",因为第一段开间,即1轴和2轴的轴线距离为3300,在"轴距"一栏中里直接输入"3300"回车,轴号不用输入,轴号软件会自动生成。第二个段继续输入"6600"回车,同理把下开间的轴距输入即可,轴号软件会自动生成。

【第三步】选择"左进深",同样地依次输入轴距(另一种输入轴距的方法是直接双击常用值,或者在空白处输入轴距,然后点击"添加")。当输入完"开间"和"进深"后,此时在右边预览区域出现新建的轴网预览,如果发现输入的轴距错误,可以立即进行修改,上述步骤如图3-22所示。

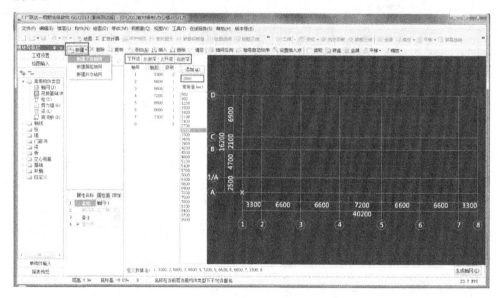

图 3-22 定义轴网界面

3.4.2 轴网的绘制

【第一步】定义完毕后,点击"绘图"按钮,新的轴网就建立成功了。

【第二步】输入角度,一般矩形轴网不偏移角度为零,直接点击"确定"。轴网就自动绘制到绘图区,如图3-23所示。

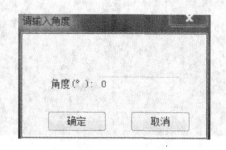

图 3-23 输入角度

【第三步】如果还要新建轴网,可以点击"新建"按钮继续新建轴网;也可以进行"删除"或者"复制"。

说明:①一般定义工程的轴网只需定义主轴,附加轴网可以在"辅助轴线"中添加。另外,本工程"上开间"的轴号与"下开间"的轴号一致,轴距也一致。当定义完"下开间"后,可以把定义数据的轴网信息复制,然后粘贴到"上开间"的定义数据中即可,不必重复输入。

②在实际工程中,如果要重复使用建立好的轴网,可以使用"轴网定义"工具栏中"存盘"功能进行轴网保存,需要时可以点击"读取"功能快速建立轴网。

③软件提供定义级别的功能,即可以标注多段定形尺寸。

3.4.3 轴网的修改

轴网修改的基本命令有以下几种,以一张打开的轴网图为例,如图 3-24 所示。

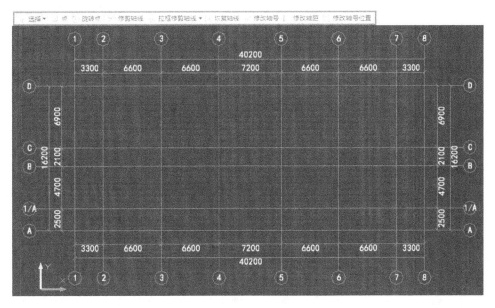

图 3-24 轴网绘图工具栏

(1) 修剪轴线

点击工具栏 [修剪轴线] ,然后按鼠标左键选择要剪除的轴线段,再按鼠标左键指定被修剪的线段(可以按状态栏提示操作,状态栏均有详细的操作步骤)。

(2) 批量修剪轴线

分 [拉框修剪轴线▼] 和 [折线修剪轴线▼] ,点击按钮中"倒三角"下拉框可以进行选择。

(3) 恢复轴线

将被修剪过的轴线还原为初始状态,可以点击工具栏 [恢复轴线] ,然后选择需要恢复的轴线即可。

(4) 修改轴号

如果需要修改轴号的名称,可以利用此功能进行修改。点击工具栏 [修改轴号] ,选择对应的轴线重新输入轴号。

(5) 修改轴距

可以利用此功能快速修改轴线距离。

(6) 修改轴号位置

点击工具栏 修改轴号位置 ，选择对应轴线(可以多选)，选择完毕后点击鼠标右键确认，会弹出"修改标注位置"的对话框。软件共提供五项选择，选择后点击"确定"即可，如图 3-25 所示。

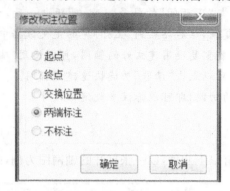

图 3-25　修改标注位置

3.4.4　辅助轴线

辅助轴线的布置常用的有四种方法，如图 3-26 所示。

图 3-26　辅助轴线工具栏

(1) 两点布置辅轴

点击工具栏 两点 ，然后找到轴网上的两个交点，弹出对话框输入轴号，点击"确定"完成。

(2) 平行布置辅轴

点击工具栏 平行 ，选择基准轴线，然后输入偏移距离(平行于水平方向向上为正，向下为负；平行于垂直方向向右为正，向左为负)，弹出对话框输入轴号，点击"确定"完成。

(3) 点角布置辅轴

点击工具栏 点角 ，鼠标左键指定基准点，弹出对话框输入角度和轴号，点击"确定"完成。

(4) 三点画弧

点击工具栏 三点辅轴 ，鼠标左键指定三个基准点，弹出对话框输入轴号，点击"确定"完成。

3.5　界面切换

3.5.1　图面控制

1. 滚轮操作

放大操作:向前推动鼠标滚轮放大图形。

缩小操作:向后推动鼠标滚轮缩小图形。

显示全图:快速双击鼠标滚轮可以显示全图。

移动图形:按住鼠标滚轮可以移动图形。

2. 非滚轮操作（见图 3-27）

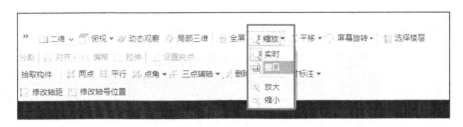

图 3-27 非滚轮操作放大与缩小图片

（1）放大操作

方法一：点击工具栏 🔍缩放▾ 按钮下拉选择"窗口"，在绘图区按住鼠标左键拉一个窗口，该窗口范围内的图形就可以放大。

方法二：点击工具栏 🔍缩放▾ 按钮下拉选择"放大"可以将显示区域的图形放大。

（2）缩小操作

点击工具栏 🔍缩放▾ 按钮下拉选择"缩小"可以将显示区域的图形缩小。

（3）实时放大或缩小

点击工具栏 🔍缩放▾ 按钮下拉选择"实时"，在绘图区域按住鼠标左键上下拖动鼠标，可以对图形进行放大或缩小，达到想要的大小后，点击鼠标右键结束放大或缩小状态。

（4）显示全图

点击工具栏中的 ⊞全屏 按钮来显示全图。

（5）移动图形

点击工具栏中的 ✥平移 按钮，在绘图区按住鼠标左键拖动鼠标来移动图形。

3.6 柱

轴网定义和绘制完成后，开始绘制主体构件的构件图元。每个构件的绘制过程，都按照先定义构件再绘制图元的顺序进行。

3.6.1 框架柱的定义

分析图纸：查看图纸结施-03 中的柱表来定义框架柱。

轴网绘制完成后，软件默认定位在首层，按照结构的不同部位划分，一般先绘制首层，先进行首层框架柱的定义。

① 在绘图输入的树状构件列表中选择"柱"，点击"定义"按钮，如图 3-28 所示。

② 进入框架柱的定义界面后，按照图纸，先来新建 KZ1。

点击"新建"，选择"新建矩形柱"，新建 KZ1，右键显示 KZ1 的"属性编辑"，供用户输入柱的信息。柱的属性主要包括柱类别、界面信息和钢筋信息，以及主类型等，这些决定柱钢筋的计算，需要按实际情况进行输入，如图 3-29 所示。

③ 属性编辑。

名称：软件默认按 KZ1、KZ2 的顺序生成，用户可根据实际情况，手动修改名称。此处按默认名称 KZ1 即可。

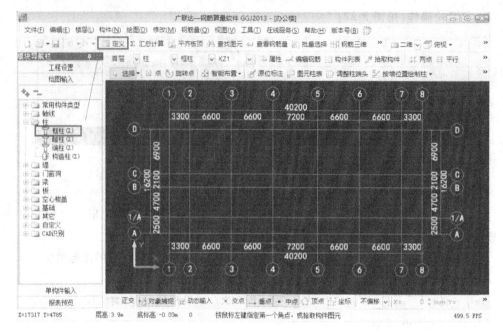

图 3-28 柱绘图输入界面

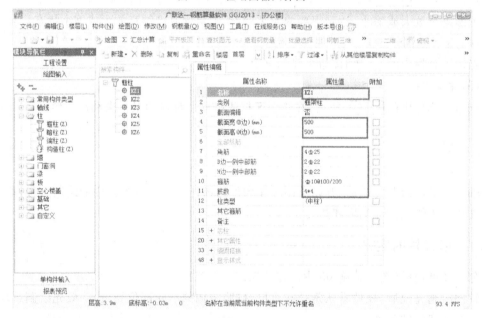

图 3-29 定义柱构件界面

类别:柱的类型有以下几种,框架柱、框支柱、暗柱、端柱,对于 KZ1,在下拉框中选择"框架柱"类别,如图 3-30 所示。

截面宽和截面高:按图纸输入"500""500"。

全部纵筋:输入柱的全部纵筋,该项在"角筋""B 边一侧中部筋""H 边一侧中部筋"均为空时才允许输入,不允许和这三项同时输入。

角筋:输入柱的角筋,按照柱表,KZ1 此处输入"4B25"。

B 边一侧中部筋:输入 B 边一侧中部筋,按照图纸,KZ1 此处输入"2B22"。

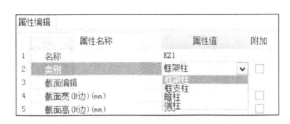

图 3-30 选择框架柱类别

H 边一侧中部筋:输入 H 边一侧中部筋,按照图纸,KZ1 此处输入"2B22"。

箍筋:输入柱的箍筋信息,按照柱表,KZ1 此处输入"A10@100/200("@"可用减号"一"代替)"。

肢数:输入柱的箍筋肢数,按照柱表,KZ1 此处输入"4*4"。

柱类型:分为中柱、边柱和角柱,对中间楼层变截面柱的锚固和弯折以及顶层柱的顶部锚固和弯折有影响。在进行柱定义时,不用修改,在软件中可以使用"自动判断边角柱"功能,来判断柱的类型,如图 3-31 所示。

图 3-31 柱类型选择示意图

其他箍筋:如果柱中有和参数图中不同的箍筋或者拉筋,可以在"其他箍筋"中输入,新建箍筋,输入参数和钢筋信息,来计算钢筋工程量,本构件没有,不输入。

附加:附加列在每个构件属性的后面显示可以选择的方框,被勾选的项,将被附加到构件名称后面,方便用户查找和使用。例如,把 KZ1 的截面高和截面宽勾选上,KZ1 的名称就显示为"KZ1 500×500"。

KZ1 的属性输入完毕后,构件的定义完成,下面进行图元绘制。

3.6.2 矩形柱的绘制

框架柱 KZ1 定义完毕后,点击"绘图"按钮,切换绘图界面。

定义和绘图之间的切换有以下几种方法:

① 点击"定义/绘图"按钮切换;

② 在"构件列表区"双击鼠标左键,从定义界面切换到绘图界面;

③ 双击左侧树状构件列表中的构件名称,如"柱",进行切换。

切换到绘图界面后,软件默认的是"点"画法,按照结施-04 中柱的位置,点式绘制 KZ1。鼠标左键选择 1 轴和 A 轴的交点,绘制 KZ1;【点】绘制,是柱子最常用的绘制方法,采用同样的方法绘制其他名称为 KZ1 的柱。

除【点】绘制柱外,软件还提供了【旋转点】、【智能布置】的绘制方式,下面根据结施-04 介绍一下柱【智能布置】,软件中柱共提供了 9 种【智能布置】方式,如图 3-32 所示。

结施-04 图纸可以使用【智能布置】轴线绘制柱,下面以 KZ3 为例。KZ3 分布在 D 交 2～7 轴上,在软件中选择【智能布置】轴线,按鼠标左键画矩形框选 KZ3 所在的位置即可,如图 3-33 所示。

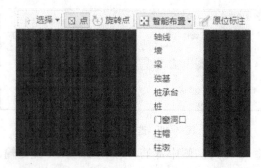

图 3-32 【智能布置】绘制方式

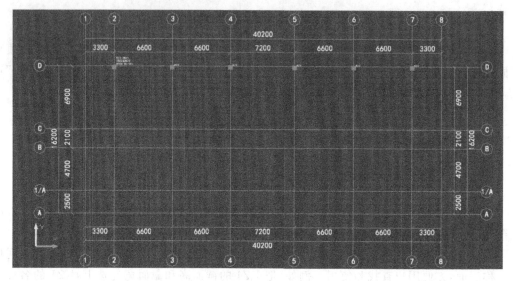

图 3-33 柱图元俯视图

3.6.3 偏心柱

柱构件绘制完毕之后,还要根据结施-04 每个柱的位置在软件中进行调整,如图 3-34 所示。

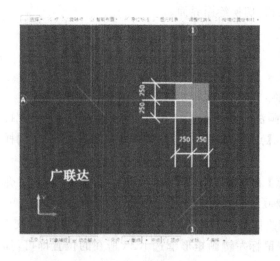
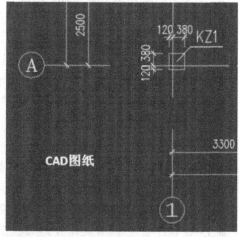

图 3-34 柱图元位置示意图

软件中偏心柱的查改,可使用【查改标注】、【批量查改标注】两种方法,如图 3-35 所示。

图 3-35　【查改标注】和【批量查改标注】工具栏

1.【查改标注】

点击【查改标注】按钮,在绘图区中软件会显示出每个柱图元位置的标注尺寸,此时根据结施-04 每个柱的位置,在软件中修改显示出来的绿色标注即可,如图 3-36 和图 3-37 所示。

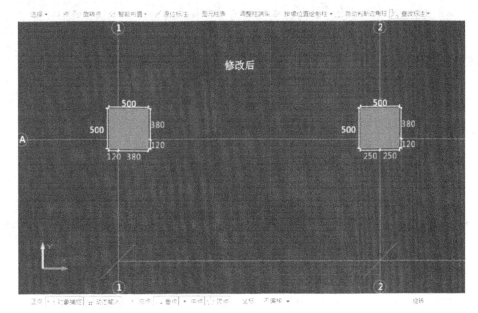

图 3-36　柱图元位置示意图 1

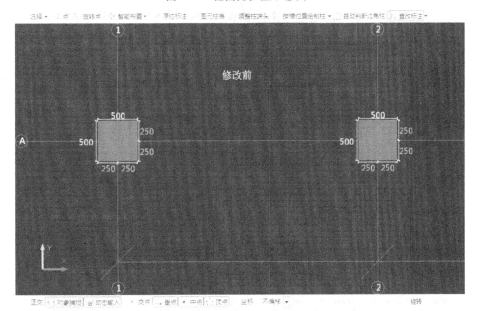

图 3-37　柱图元位置示意图 2

2.【批量查改标注】

若存在多个偏心值一样的柱图元,可使用【批量查改标注】功能如图 3-38 所示,在结施-04中以 D 轴上的柱为例进行讲解,分析图纸 D 轴上分布了 KZ1 和 KZ3,且 D 轴以上部分均为 120 mm;在软件中选择【批量查改标注】功能,使用鼠标左键画矩形框选 D 轴上的所有柱图元,右键确定弹出【批量查改标注】窗口,如图 3-39 所示。

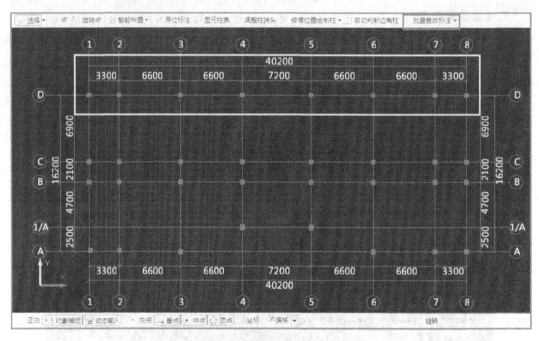

图 3-38　批量查改标注工具栏

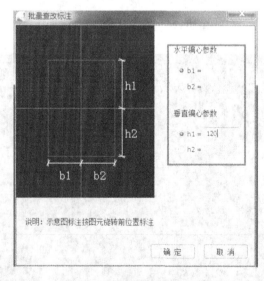

图 3-39　批量查改标注窗口

批量查改标注对话框中输入 $h_1 = 120$,确定即可。

3.6.4　小结与延伸

① 框架柱的绘制主要使用【点】绘制,或者使用【智能布置】绘制。上面讲到柱偏心的修改方法有【查改标注】、【批量查改标注】,除此之外还可以使用以下方法绘制和修改偏心柱。

a. 使用【点】绘制柱图元时,先摁住键盘上的"Ctrl"键,再使用鼠标左键把柱构件点到所在的位置上,这时软件会自动跳转到【查改标注】状态。

b. 使用柱"属性编辑器"中的"参数图",进行偏心设置,再绘制到图上,如图 3-40 所示。

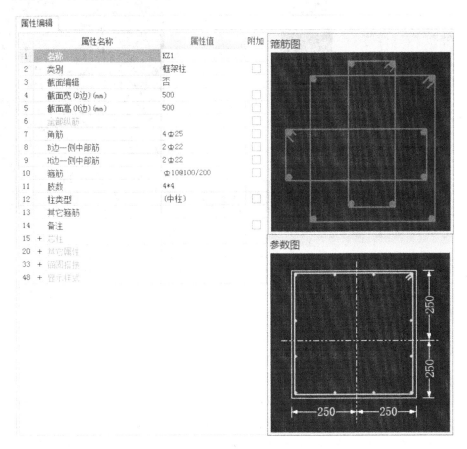

图 3-40　定义柱构件界面

②【构件列表】功能:绘图时如果有多个构件,可以在"构件工具条"上选择构件,如图 3-41所示。

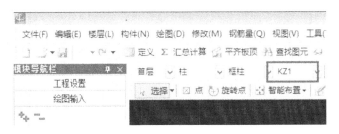

图 3-41　柱构件工具栏

也可以通过"视图"菜单下的【构件列表】或者工具条中的【构件列表】来显示所有的构件，方便绘图时选择使用，如图 3-42 所示。

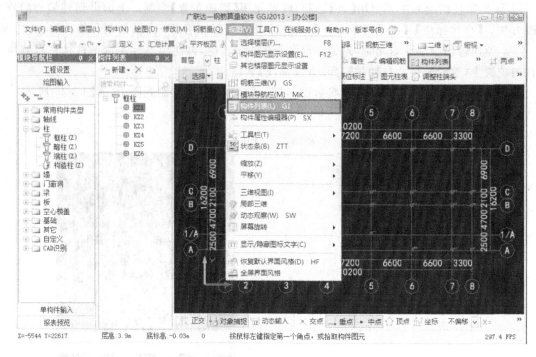

图 3-42　视图菜单栏

③【镜像】功能：本层一部分结构是对称的，可以使用工具条中【镜像】功能，来进行对称构件的复制，这样可以成倍地提高工作效率，具体操作步骤如下。

第一步：在工具栏上点击"修改"→"镜像"，或直接在工具栏上点击【镜像】。

第二步：鼠标左键点选或拉框选择需要镜像的图元，右键确认选择。

第三步：移动鼠标，按鼠标左键指定镜像线（即对称轴）的第一点和第二点。

第四步：当点击确定镜像线第二个点后，软件会弹出"是否删除原来的图元"的确认提示框，根据工程实际需要选择"是"或"否"，则所选构件图元将会按该基准线镜像到目标位置。

说明：当镜像的目标位置已经有构件图元时，软件会弹出如图 3-43 所示的提示界面。

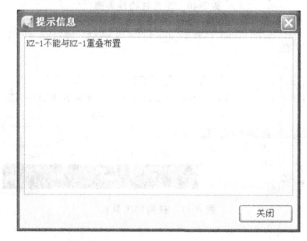

图 3-43　柱图元重叠提示信息窗口

④ 如果需要修改已经绘制的图元的名称,可以采用以下两种方法。

a.【修改构件图元名称】功能:如果需要把一个构件的名称替换为另外一个构件的名称,例如把 KZ2 修改为 KZ1,可以使用"构件"菜单栏下的【修改构件图元名称】功能,具体操作如下。

第一步:选中需要修改名称的构件图元,可以多选,例如选中 KZ1。

第二步:点击"构件"→"修改构件图元名称",打开"修改构件图元名称"窗口,如图 3-44 所示。

图 3-44　修改构件图元名称窗口

第三步:在"选中构件"处选择 KZ1,然后在"目标构件"处选择要替换的构件,比如 KZ2。

第四步:点击"确定",则所选择的 KZ1 被修改为 KZ2。

说明:【保留私有属性】勾选该功能,则在修改构件图元名称时,对于所选中的构件图元,将保留原图元本身的属性,例如 KZ1 的图元高度仅为层高的一半,而 KZ2 的构件高度为层高,将 KZ1 替换为 KZ2 后,该图元的标高仍然为层高的一半。

b. 选中图元,点开图元属性框,在弹出的【属性编辑器】对话框中显示图元的属性,点开下拉名称列表,选择需要的名称,如图 3-45 所示。

⑤【构件图元名称显示】功能:柱构件绘制到图上后,如果需要在图上显示图元的名称,可以使用"视图"菜单下的【构件图元显示设置】功能,在图上显示图元的名称,具体操作如下。

第一步:点击"视图"→"构件图元显示设置",打开"构件图元显示设置"界面,如图 3-46 所示。

第二步:点击构件类型前面的复选框,通过打上或去掉"√",可以控制当前图层中是否显示该构件和控制构件名称是否显示,点击"确定"完成操作。

说明:在绘图输入过程中,按键盘快捷键可以快速隐藏显示构件或构件的名称。每一个构件都默认了一个快捷键,比如梁图元显示的快捷键为"L"("Shift＋构件代号"显示构件名

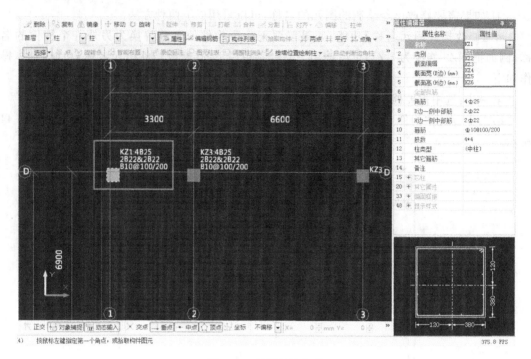

图 3-45　柱属性编辑器

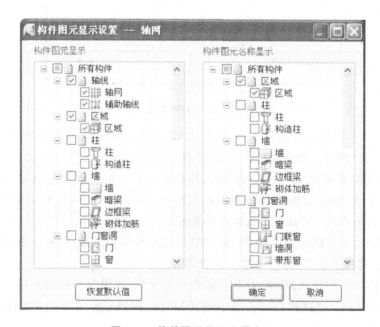

图 3-46　构件图元显示设置窗口

称)。

⑥【动态观察】功能的操作步骤。

第一步:点击"视图"→"动态观察"或者工具栏中的"动态观察",如图 3-47 所示。

第二步:在绘图区域拖动鼠标,绘图区域的构件图元会随着鼠标的移动而进行旋转,如图 3-48 所示。

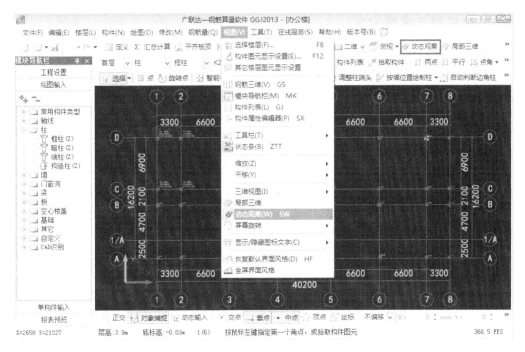

图 3-47 视图菜单栏

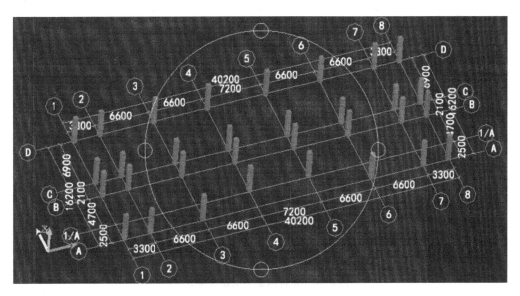

图 3-48 柱图元三维效果图

3.7 梁

分析结施-06,图中的梁按类别分,有楼层框架梁和非框架梁,其中代号为 KL 的梁属于框架梁,代号为 L 的梁属于非框架梁。

下面先介绍梁的定义,然后再逐个介绍不同种类的梁的绘制和原位标注的钢筋信息输入方法。

3.7.1 楼层框架梁的定义

下面我们以 KL1 为例来讲解楼层框架梁的定义。

在软件界面左侧的树状构件列表中选择"梁"构件组下面的"梁"构件,进入梁的定义界面,新建矩形梁 KL1。根据 KL1(7)图纸中的集中标注,输入属性编辑器中各项属性值,如图 3-49 所示。

	属性名称	属性值	附加
1	名称	KL1(7)	
2	类别	楼层框架梁	☐
3	截面宽度(mm)	250	☐
4	截面高度(mm)	500	☐
5	轴线距梁左边线距离(mm)	(125)	☐
6	跨数量	7	☐
7	箍筋	Φ8@100/200(2)	☐
8	肢数	2	☐
9	上部通长筋	2Φ20	☐
10	下部通长筋	4Φ20	☐
11	侧面构造或受扭筋(总配筋值)		☐
12	拉筋		☐
13	其他箍筋		
14	备注		☐

图 3-49 属性编辑定义梁构件界面

名称:按照图纸输入 KL1(7)。

类别:梁的类别下拉框选项中有 6 类,按照实际情况,此处选择"楼层框架梁",如图 3-50 所示。

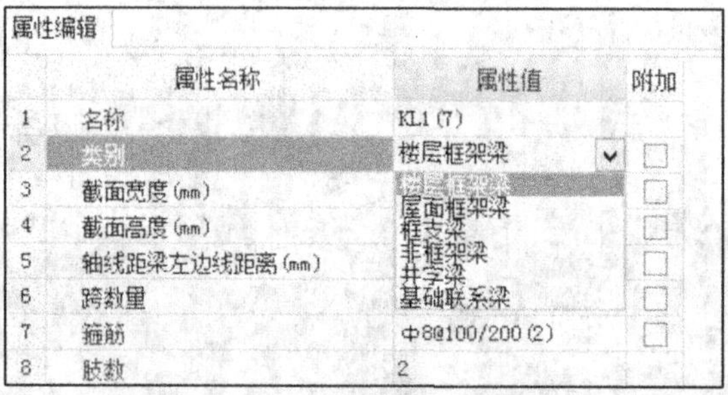

	属性名称	属性值	附加
1	名称	KL1(7)	
2	类别	楼层框架梁 ▼	☐
3	截面宽度(mm)	屋面框架梁	☐
4	截面高度(mm)	框支梁	☐
5	轴线距梁左边线距离(mm)	非框架梁	☐
6	跨数量	井字梁	
7	箍筋	基础联系梁	☐
		Φ8@100/200(2)	
8	肢数	2	

图 3-50 属性编辑中的梁类别选择

截面尺寸:KL1 的截面尺寸为 250×500,截面宽度和高度分别输入 250 和 500。

轴线距梁左边线的距离:可按软件默认值(125),或者直接修改为 120 或 130(详细说明请参考 3.7.3 梁的绘制)。

跨数量:输入 KL1(7)后,自动取 7 跨。

箍筋输入:A8@100/200(2)。

箍筋肢数:自动取箍筋信息中的肢数,箍筋信息中不输入"(2)"时,可以手动在此处输入"2"。

上部通长筋:按照图纸输入"2B20"。

下部通长筋:按照图纸输入"4B20"(若图纸中不标注下部通长筋此处可以不输入)。

侧面纵筋:格式"G 或 N+数量+级别+直径"或"G 或 N+级别+直径+@间距",KL1 中没有侧面纵筋,此处不输入。

拉筋:按照计算设置中设定的拉筋信息自动生成,没有侧面钢筋时,软件不计算拉筋。软件默认的是规范规定的拉筋信息,在框架梁的计算设置第 33 项可查看,如图 3-51 所示。

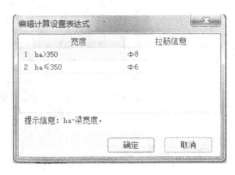

图 3-51　编辑计算设置表达式

3.7.2　屋面框架梁和非框架梁

对于屋面框架梁和非框架梁,在属性的"类别"中选择相应的类别,其他的属性与框架梁输入方式一致。

结施-08 图中代号为 WKL 的梁是屋面框架梁,代号为 L 的梁属于非框架梁,选择相应的类别,并按上面介绍的框架梁的定义进行属性值的输入。

3.7.3　梁的绘制

梁为线状图元,直线型的梁采用【直线】绘制的方法,比较简单。

1. 轴线上梁绘制

下面以 KL1 为例讲解直线型线状构件的绘制。KL1 位于 D 轴中心线上,两端点分别在 1 交 D 轴和 8 交 D 轴上。绘制梁时鼠标左键点击工具栏上【直线】功能,鼠标左键点击 1 交 D 轴、8 交 D 轴,KL1 绘制完成单击鼠标右键退出绘图状态。在绘图的过程中先单击 1 交 D 轴还是 8 交 D 轴,所绘制出来的构件位置有可能不一样(绘制线状图元时,绘制的第一个点称为"起点",第二个点则称为"终点")。结合"3.7.1 楼层框架梁的定义→轴线距梁左边线的距离",提供以下三种绘图方法。

(1)"轴线距梁左边线的距离"输入数值为 120,绘图时先点击 1 交 D 轴→8 交 D 轴。

(2)"轴线距梁左边线的距离"输入数值为 130,绘图时先点击 8 交 D 轴→1 交 D 轴。

(3)"轴线距梁左边线的距离"输入数值为默认值(125),绘图时可采用 1 或 2 的绘图方法,梁图元绘制好后再使用【对齐】功能使梁的一侧与柱平齐即可。

【对齐】操作步骤如下。

第一步:在菜单栏点击"修改"→"对齐"→"单对齐"或者点击工具栏上"对齐→单对齐",如图 3-52 所示。

第二步:在绘图区域选择需要对齐的目标线,即点击位于 D 轴上的柱平行于 D 轴的一边。

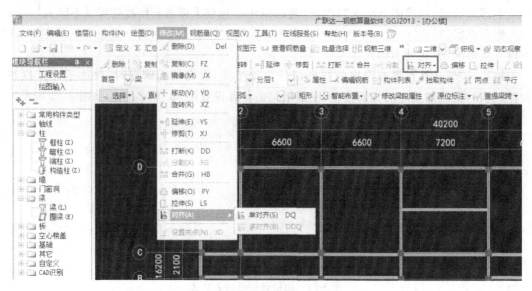

图 3-52　修改菜单栏

第三步：在绘图区域选择需要对齐的图元的边线，即点击梁与柱对齐的一边，完成操作。

2. 轴线外梁绘制

下面以 L1 为例讲解轴线外梁的绘制。L1 两端点分别在 4 交 yC＋3500 轴、5 交 yC＋3500 轴上，在工程中，对于不在轴线上的构件，软件提供了"Shift＋左键"的功能来绘制或者使用添加辅助轴线的方法来绘制，操作步骤如下。

① "Shift＋左键"：在构件列表中选中 L1，点击工具栏上的【直线】绘制按钮，摁住键盘上的"Shift"键，左键点击 4 交 C 轴的点，在弹出的"输入偏移量"窗口中输入"$x＝0,y＝3500$"，点击"确定"；再次摁住键盘上的"Shift"键，左键点击 5 交 C 轴的点，在弹出的"输入偏移量"窗口中输入"$x＝0,y＝3500$"，点击"确定"(绘制 L1 终点时也可打开"垂点"捕捉命令绘制终点)。

② 添加辅助轴线绘制梁：点击工具栏中【平行】功能，左键点击 C 轴，在弹出窗口中输入偏移距离 3500，轴号可以不输入，点击"确定"辅助轴线绘制完毕；梁绘制方法参考"轴线上梁绘制"。

3. 悬挑梁绘制

在结施-06 图中，位于 4 轴上的梁 KL9 属于悬挑梁。在软件中绘制 KL9 的操作步骤是：在构件列表中选中 KL9，点击工具栏上的【直线】绘制按钮，使用鼠标左键捕捉梁的第一个端点即 4 交 D 轴上的点，摁住键盘上的"Shift"键，使用鼠标左键捕捉 4 交 A 轴上的点，在弹出的"输入偏移量"窗口中输入"$x＝0,y＝-800$"，点击"确定"，构件绘制完毕。

4. 弧形梁绘制

分析图纸结施-06 可知，框架梁 KL10 属于弧形梁；KL10 的起点在 3 交 A 轴上，终点在 6 交 A 轴上，其中 KL10 中线的弧半径 $R＝57438$。

软件中对弧形梁的绘制提供了多种画法，下面介绍【逆小弧】和【三点画弧】两种画法，其他功能画法请参考"文字帮助"中相应章节。

① 【逆小弧】操作步骤：在工具栏中点击【逆小弧】功能，如图 3-53 所示，输入半径 57438，接着使用鼠标左键依次捕捉 3 交 A 轴的点和 6 交 A 轴的点，即可把构件绘制出来。

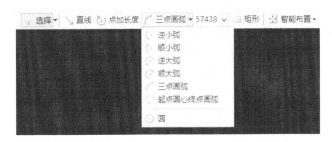

图 3-53　梁绘图命令工具栏

②【三点画弧】操作步骤:在工具栏中点击【三点画弧】功能,在绘图区域点击不在同一直线上的三个点作为弧线的起点、中间点和终点,完成绘制。其中可把 3 交 A 轴的点作为起点,4 或 5 轴上 KL9 在 A 轴下方的端点作为中间点,6 交 A 轴的点作为终点。如图 3-54 所示。

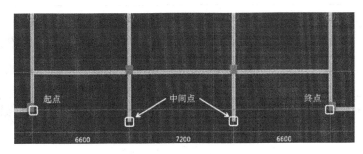

图 3-54　梁图元定位示意图

3.7.4　提取梁跨

梁绘制完毕后,图上显示为粉色,表示还没有进行梁跨的提取和原位标注的输入,由于梁是以柱和墙为支座的,提取梁跨和原位标注之前,需要绘制好所有的支座。

① 对于没有原位标注的梁,可以通过提取梁跨来把梁的颜色变为绿色。

在 GGJ2013 中,可以通过三种方式来提取梁跨。第一种方式是使用【原位标注】,第二种方式是使用“跨设置”中的【重提梁跨】,第三种方式是使用【批量识别梁支座】的功能,如图 3-55 所示。

图 3-55　梁绘图命令工具栏

【重提梁跨】操作步骤:在菜单栏点击“绘图”→“重提梁跨”或点击工具栏中的【重提梁跨】,在绘图区域选择梁图元,完成操作。

【批量识别梁支座】操作步骤。

第一步:在菜单栏点击“绘图”→“批量识别梁支座”或点击工具栏中的【批量识别梁支座】,在绘图区域选择梁,可以拉框选择多个图元。

第二步:点击右键,结束选择,软件弹出"提示"界面,点击"确定"按钮完成操作。

② 有原位标注的梁,可以通过输入原位标注来把梁的颜色变为绿色。

软件中用粉色和绿色对梁进行区别,目的是提醒用户哪些梁已经进行了原位标注的输入,便于用户检查,防止出现忘记输入原位标注,影响计算结果的情况。

3.7.5　原位标注

梁绘制完毕后,需要进行原位标注的输入。梁原位标注主要有:支座筋、跨中筋、下部钢筋、架立筋、侧面原位筋、次梁加筋、吊筋。另外,变截面也需要在原位标注中输入。下面以 D 轴的 KL1 为例,来介绍梁的原位标注输入。

(1)梁集中标注信息在【原位标注】状态下的输入或修改

① 在梁【原位标注】输入状态下鼠标左键点击集中标注文本。

② 梁平法表格中"上通长筋"和"下通长筋修改",如图 3-56 所示。

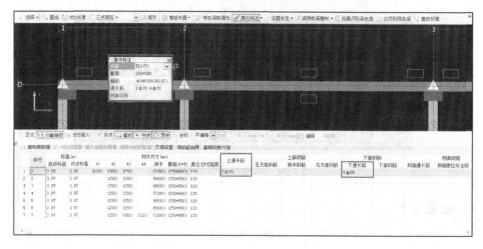

图 3-56　梁平法表格输入窗口

(2)支座筋、跨中筋的输入

在 KL1 的原位标注在第一跨中部标注了"5B20 3/2"属于跨中筋,第二跨左右支座标注了"5B20 3/2"属于支座筋,如图 3-58 所示。

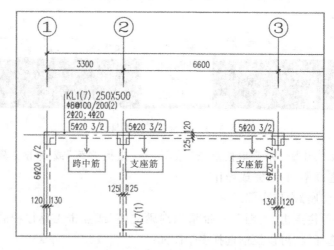

图 3-57　梁原位标注分析图

在【原位标注】输入状态时直接根据相应的位置输入即可,其中"5B20 3/2"在输入时是先输 5B20,然后单击空格键再输 3/2,或者输入 3B20/2B20;输入过程中【原位标注】和【梁平法表格】是处于联动状态的,可在两位置任选其一输入,如图 3-58 所示。

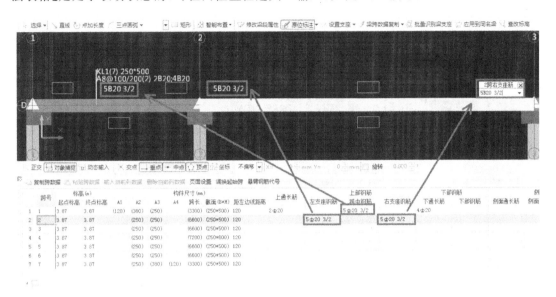

图 3-58 梁平法表格输入窗口

(3) 下部钢筋、侧面原位筋输入

在 KL1 第四跨(即 4～5 轴)下部位置标注了下部钢筋"5B20 3/2"、侧面原位筋"N4B16"、跨内箍筋"A10@100(2)"、本跨截面"250 * 600"的信息;原位标注输入时单击本跨下部筋输入位置上的缩放符号,如图 3-59 所示。

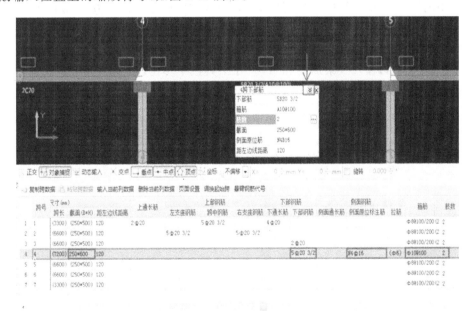

图 3-59 跨下布筋

（4）次梁加筋、吊筋的输入

次梁加筋在软件中可以在"工程设置"→"计算设置"→"框架梁"→"第25项"，输入次梁加筋信息，软件会自动识别主次梁的位置并在相应的主梁上计算输入的次梁加筋，如图3-60所示。

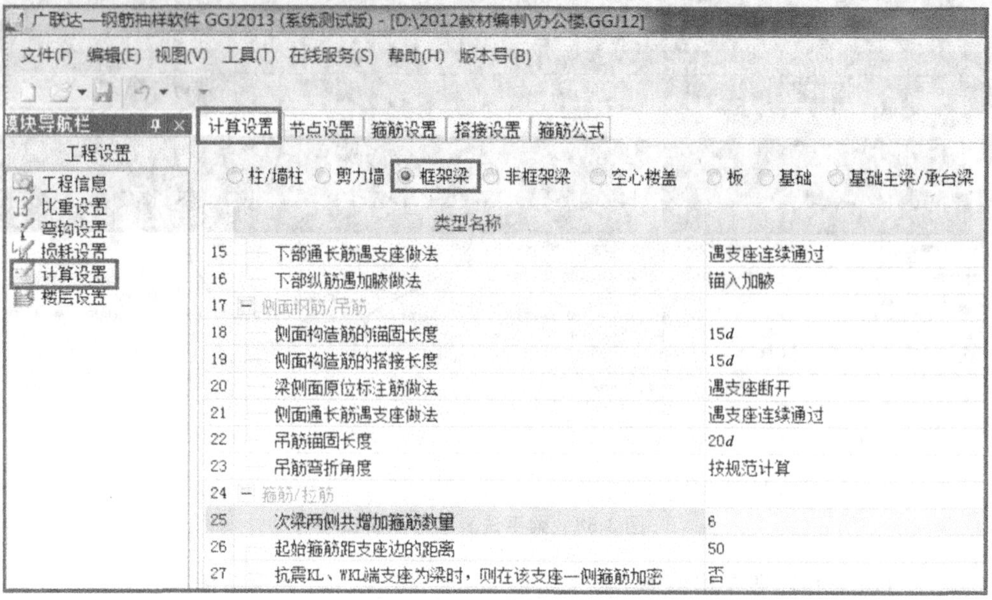

图3-60　梁计算设置界面

以上是次梁加筋输入的一种方法，下面结合图纸结施-06，介绍两种次梁加筋和吊筋在绘图区域中的输入方法。分析图纸可知 KL9 位于 C～D 轴上的跨存在吊筋和次梁加筋，标注"2B18；6"平法表示意义是吊筋为2B18，在次梁两侧即主梁上多设置6个箍筋，每侧3个，箍筋信息同主梁箍筋。

①【梁平法表格】输入次梁加筋和吊筋：在工具栏中单击【梁平法表格】，选择需要设置次梁加筋和吊筋的梁图元，在梁平法表格中依次输入次梁宽度、次梁加筋、吊筋即可，如图3-61所示。

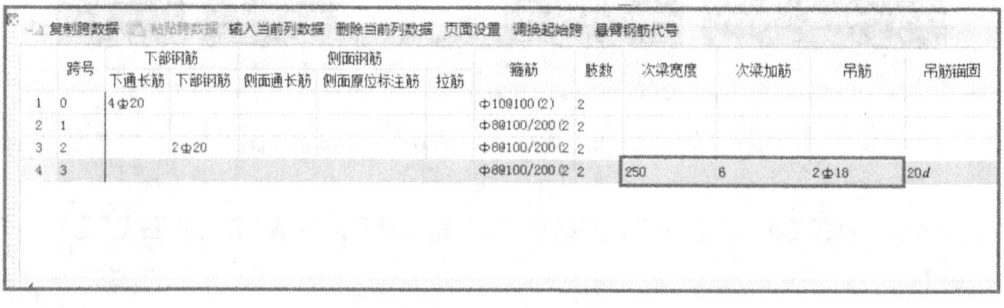

图3-61　自动生成吊筋窗口

②【自动生成吊筋】在工具栏中单击【自动生成吊筋】功能，在弹出的"自动布置吊筋"窗口中输入吊筋"2B18"，次梁加筋"6"，如图3-62所示。

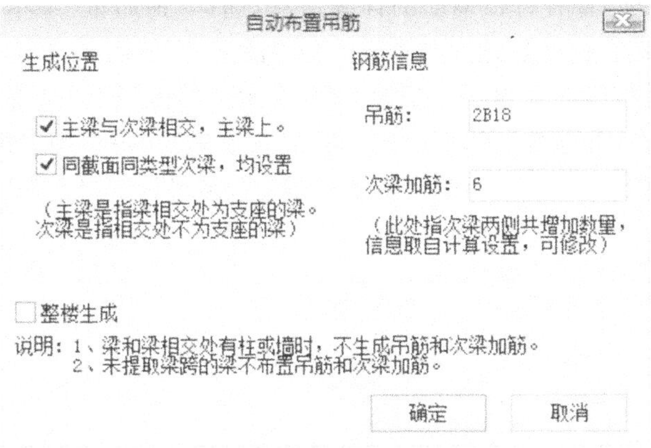

图 3-62　自动布置吊筋

输入完毕后,拉框选择需要生成吊筋和次梁加筋的梁图元,单击"确定"即可生成,如图 3-63 所示。

图 3-63　吊筋示意图

3.7.6　查看计算结果

前面的部分没有涉及构件图元钢筋计算结果的查看,主要是因为竖向的构件,在上下层没有绘制构件时,无法正确计算搭接和锚固。对于梁这类水平构件,本层相关图元绘制完毕,就可以正确计算钢筋量,进行计算结果的查看。

首先,选择"钢筋量"菜单下的"汇总计算",或者在工具条中选择【汇总计算】命令,如图 3-64 所示,选择要计算的楼层,进行钢筋量的计算。然后就可以选择计算过的构件进行结果的查看。

图 3-64　钢筋量汇总计算菜单

① 通过【编辑钢筋】查看每根钢筋的详细信息，选择“钢筋量”菜单下的“编辑钢筋”，或者在工具栏中选择【编辑钢筋】，选择要查看的构件图元，下面以 KL3 为例。

钢筋显示顺序为按跨逐个显示。如图 3-65 所示，“筋号”说明是哪根钢筋；“图号”是软件对每一种钢筋的形状的标号；“计算公式”和“公式描述”对每根钢筋的计算过程进行了描述，方便用户查看量和对量；“搭接”是指单根钢筋超过定尺长度之后所需要的搭接长度和接头个数。

插入 删除 钢筋信息 钢筋图库 其他· 关闭 单构件钢筋总量(kg)：1122.641

	筋号	直径	级别	图号	图形	计算公式	公式描述	长度(mm)	根数	搭接	损耗(%)	单重(kg)	总重(kg)	钢筋归类	搭接形式	钢筋类型
1*	1跨上通长筋1	20	Φ	64	300 40400 300	500-20+15*d+39440+500-20+15*d	支座宽-保护层+弯折+净长+支座宽-保护层+弯折	41000	2	4	0	101.27	202.54	直筋	直螺纹连接	普通钢筋
2	1跨跨中筋1	20	Φ	18	300 5683	500-20+15*d+2670+500+6100/3	支座宽-保护层+弯折+净长+支座宽+搭接	5983	1	0	0	14.778	14.778	直筋	直螺纹连接	普通钢筋
3	1跨跨中筋2	20	Φ	18	300 5175	500-20+15*d+2670+500+6100/4	支座宽-保护层+弯折+净长+支座宽+搭接	5475	2	0	0	13.523	27.047	直筋	直螺纹连接	普通钢筋
4	1跨下通长筋1	20	Φ	18	300 17030	500-20+15*d+15870+34*d	支座宽-保护层+弯折+净长+直锚	17330	4	1	0	42.805	171.22	直筋	直螺纹连接	普通钢筋
5	2跨右支座筋1	20	Φ	1	4566	6100/3+500+6100/3	搭接+支座宽+搭接	4566	1	0	0	11.278	11.278	直筋	直螺纹连接	普通钢筋
6	2跨右支座筋2	20	Φ	1	3550	6100/4+500+6100/4	搭接+支座宽+搭接	3550	2	0	0	8.769	17.537	直筋	直螺纹连接	普通钢筋
7	3跨右支座筋1	20	Φ	1	4966	6700/3+500+6700/3	搭接+支座宽+搭接	4966	1	0	0	12.266	12.266	直筋	直螺纹连接	普通钢筋

图 3-65 编辑钢筋显示窗口

【编辑钢筋】列表还可以进行编辑，用户可以根据需要对钢筋的信息进行修改，然后锁定该构件。

② 通过“查看钢筋量”来查看计算结果。选择“钢筋量”菜单下的“查看钢筋量”，或在工具栏中选择【查看钢筋量】命令，拉框选择或者点选需要查看的图元，可以一次性显示多个图元的计算结果，如图 3-66 所示。

钢筋总重量(kg)：1706.909

	构件名称	钢筋总重量(kg)	HPB300				HRB335			
			6	8	10	合计	16	20	25	合计
1	KL6(3)[194	427.613	0	58.622	0	58.622	0	360.907	8.085	368.992
2	KL7(1)[196	201.574	0	24.778	0	24.778	0	173.562	3.234	176.796
3	KL8(3)[200	427.414	0	58.018	0	58.018	0	361.312	8.085	369.397
4	KL4(3)[204	650.307	6.771	43.513	73.501	123.785	49.22	466.79	10.511	526.521
5	合计	1706.909	6.771	184.931	73.501	265.203	49.22	1362.571	29.915	1441.705

图 3-66 梁钢筋量显示窗口

图中显示的钢筋量，按不同的钢筋类别和级别列出，并对多个图元钢筋量进行合计。

3.7.7 小结与延伸

① 梁模型的建立，一般采用定义→绘制→输入原位标注(提取梁跨)的顺序进行。梁的标注信息包括集中标注和原位标注，定义构件时属性中输入梁的集中标注信息。绘制完毕后，通过原位标注信息的输入来确定梁的信息。

② 一般来说，一道梁绘制完毕后，如果其支座和次梁都已经确定，就可以直接进行原位标注的输入；如果有以其他梁为支座或者存在次梁的情况，要先绘制相关的梁，再进行原位标注的输入。

③ 梁的原位标注和平法表格的区别：选择“原位标注”可以在绘图区梁图元的位置输入原位标注钢筋信息，也可以在梁平法表格中输入原位标注钢筋信息；选择“梁平法表格”时，只显示下方的表格，不显示绘图区的输入框，如图 3-67 所示。

图 3-67　梁平法表格工具栏

④ 应用到同名梁：如果本层存在同名称的梁，原位标注信息完全一致，就可以采用【应用到同名梁】功能来快速实现梁原位标注的输入，具体操作步骤如下。

第一步：在菜单栏点击"绘图"→"应用到同名称梁"或者在工具栏中选择【应用到同名梁】命令，在绘图区域选择梁图元，如图 3-68 所示。

图 3-68　梁绘图工具栏——应用到同名梁

第二步：在弹出窗口中根据需要进行选择，点击"确定"按钮完成操作，如图 3-69 所示。

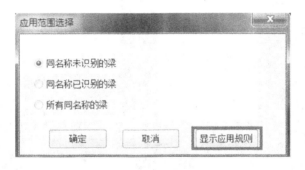

图 3-69　同名梁应用范围选择窗口

⑤ 梁跨数据复制：把某一跨的原位标注复制到另外的跨，可以跨图元进行操作，复制内容主要是钢筋信息，下面以结施-06 图中 KL2 和 KL3 为例讲解【梁跨数据复制】功能。结施-06图纸，KL2 第二跨与 KL3 第二跨原位标注信息相同，如图 3-70 所示。

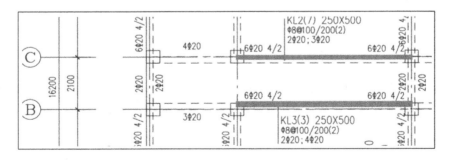

图 3-70　梁跨数据示意图

第一步：在菜单栏点击"绘图"→"梁跨数据复制"或者在工具栏中选择【梁跨数据复制】，在绘图区域选择需要复制的梁跨，单击右键结束选择。

第二步：在绘图区域选择目标梁跨，选中的梁跨显示为黄色，单击右键完成操作。

⑥ 梁原位标注复制：把某位置的原位标注信息复制到其他位置，输入格式相同的位置

之间可以进行复制。

⑦ 梁的绘制顺序:可以采用先横向再纵向、先框架梁再次梁的绘制顺序,以免出现遗漏。

⑧ 捕捉点的设置:绘图时,无论是点画、直线画还是其他的绘制方式,都需要捕捉绘图区的点来确定点的位置和线的端点;软件提供了多种类型点的捕捉,用户可以在"工具"菜单中的"自动捕捉设置"中设定要捕捉的点,绘图时可以在"捕捉工具栏"中直接选择需要捕捉的点类型,方便绘制图元时选取点,如图 3-71 所示。

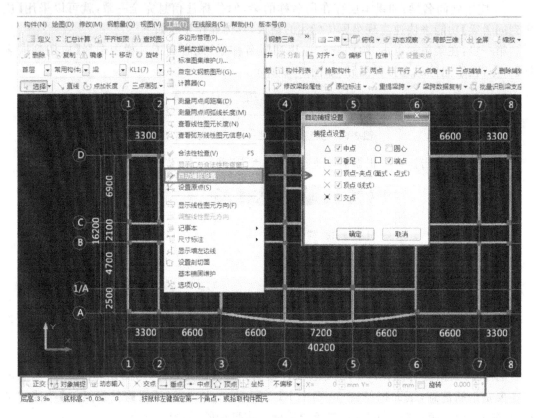

图 3-71　工具菜单栏

3.8　板

板构件的建模和钢筋的计算包括以下几部分:①板的定义和绘制;②钢筋的布置,包括受力筋和负弯矩筋。根据结施-09,"二层板配筋图"来定义和绘制板与板钢筋。

3.8.1　现浇板的定义

分析图纸结施-09,本层板按厚度划分,共有三种不同的厚度,分别是 110 mm、150 mm、160 mm;下面以在 4~5 轴和 1/A~C 轴之间的 160 mm 板来讲解板构件的定义。

在软件定义构件界面新建"现浇板",如图 3-72 所示。

使用同样的方法定义其他厚度的板。

名称:现浇板名称可采用软件默认名称"B-1",若图纸中标注了板的名称,也可根据图纸

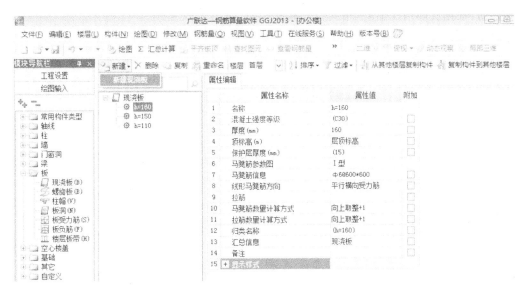

图 3-72 定义板构件界面

输入。由于在结施-09 图纸中只标注了板的厚度，而根据用户做工程的习惯，同时为了方便后期工程量的提取，也可以取板的厚度作为名称输入，如"160 厚"。

厚度：输入 160，输入后要把括号去掉。

混凝土强度等级：混凝土强度等级无特殊情况不需要输入，此处数值自动与楼层设置中板混凝土强度等级联动。

顶标高：板的顶标高，根据实际情况输入，结施-09 板标高按默认"层顶标高"即可。

马凳筋参数图：按照结构总说明输入马凳筋信息 a6@600 * 600 和马凳筋长度，如图 3-73所示。

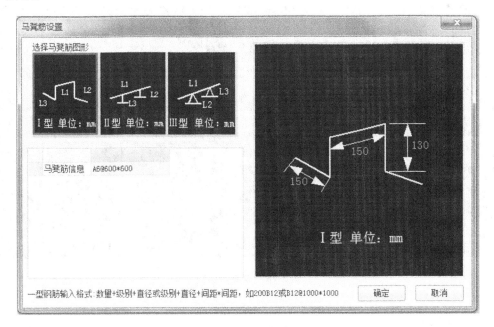

图 3-73 马凳筋信息输入窗口

拉筋:根据实际情况输入,格式与马凳筋相同,如图 3-74 所示。

	属性名称	属性值	附加
1	名称	h=160	
2	混凝土强度等级	(C30)	
3	厚度(mm)	160	
4	顶标高(m)	层顶标高	
5	保护层厚度(mm)	(15)	
6	马凳筋参数图	I 型	
7	马凳筋信息	Φ6@600*600	
8	线形马凳筋方向	平行横向受力筋	
9	拉筋		
10	马凳筋数量计算方式	向上取整+1	
11	拉筋数量计算方式	向上取整+1	
12	归类名称	(h=160)	
13	汇总信息	现浇板	
14	备注		
15	+ 显示样式		

图 3-74　板属性编辑示意图

3.8.2　现浇板的绘制

在"绘图工具栏"选择【点】按钮,如图 3-75 所示,在梁和墙围成的封闭区域单击鼠标左键,就轻松布置上了板图元,如图 3-76 所示。其他绘图功能请参考"文字帮助"中相应的内容。

图 3-75　板绘图命令工具栏

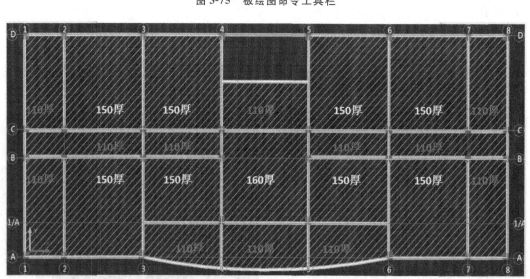

图 3-76　板厚示意图

3.8.3　板受力筋的定义

下面以结施-09,4~5 轴和 1/A~C 轴之间的 160 mm 板的配筋来讲解板受力筋的定义。

在板受力筋定义界面新建时,选择"新建板受力筋",如图 3-77 所示。

图 3-77　新建板受力筋示意图

名称:结施图中没有定义受力筋的名称,用户可根据实际情况输入容易辨认的名称,这里按钢筋信息输入"B12@130",如图 3-78 所示。

钢筋信息:按照图中钢筋信息输入"B12@130"。

类别:软件提供了四种选择,本构件选择"底筋"即可。

左弯折和右弯折:按照实际情况输入受力筋的端部弯折长度,软件默认为 0,表示按照计算设置中默认的"板厚-2 倍保护层厚度"来计算弯折长度。

钢筋锚固和搭接:在楼层设置中设定的初始值,可以根据实际情况修改。

长度调整:输入正值或者负值,对钢筋长度进行调整,此处不输入。

按照同样的方法定义其他板受力筋。

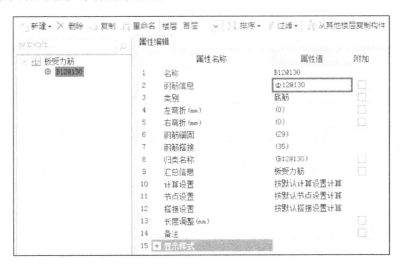

图 3-78　板受力筋属性编辑示意图

3.8.4　板受力筋的绘制

软件中提供了多种布置板筋的方法,下面结合结施-09,介绍几种绘制板受力筋的操作。

1."单板"＋"水平或垂直"布置板受力筋

在"构件列表"中选择需要布置的板筋,如"B12@130"位于图纸结施-09,4～5 轴和 1/A～C 轴之间的 160 mm 板上;点击"工具栏"上的"单板"和"水平或垂直"命令,如图 3-79 所示,选择需要布置受力筋的板即可完成绘制。

图 3-79　板受力筋绘图命令工具栏

2. "单板"+"XY方向"布置板受力筋

图纸结施-09,4~5轴和1/A~C轴之间的160 mm板上,配置了水平和垂直钢筋"B12@130"。下面介绍采用"单板"+"XY方向"的方法布置该板的受力筋。

鼠标左键点击"工具栏"上的"单板"+"XY方向"命令,如图3-80所示,选择需要布置受力筋的板,弹出"智能布置"窗口;在底筋位置选择需要布置的板筋即可,如图3-81所示。

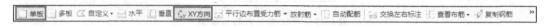

图 3-80　板受力筋绘图命令工具栏"XY"方向

图 3-81　智能布置受力筋窗口

3. 复制钢筋

当前板中布置了钢筋后,其他板内的钢筋与当前板钢筋一样,需要快速布置到其他板中,可以使用【复制钢筋】功能,操作步骤如下。

第一步:在菜单栏点击"绘图"→"复制钢筋"或者点击"工具栏"中的【复制钢筋】功能,如图3-82所示,在绘图区选择需要复制的钢筋图元,选中的图元显示为蓝色,单击右键结束选择。

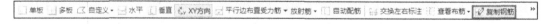

图 3-82　板受力筋绘图布置命令栏中的复制钢筋

第二步:在绘图区点击板图元,做复制的目标图元范围。

第三步:右键结束复制,完成操作。

在结施-09中150 mm和110 mm板均可使用该功能。

4. 应用同名称板

结施-09板配筋,除了适用以上介绍的功能之外,同时还适用【应用同名称板】功能。根据结施-09说明,可知150 mm板配筋相同,110 mm板配筋相同。因此,在布置板筋时可以分别只布置其中的一块板,然后使用【应用同名称板】即可,具体操作如下。

第一步:在菜单栏点击"绘图"→"应用同名称板"或者在"工具栏"中选择【应用同名称板】命令,在绘图区选择板图元,选中的图元显示为蓝色。

第二步:单击右键,结束复制,软件弹出"提示"界面,点击"确定"按钮,完成操作。

5. 自动配筋

在实际工程的板配筋图中,往往会说明:没有布筋的板,配置一定规格的钢筋。上面介绍了结施-09 在软件中使用不同的功能来实现快速布置板筋;分析图纸结施-09,软件中【自动配筋】功能也适用于该图,如图 3-83 所示。

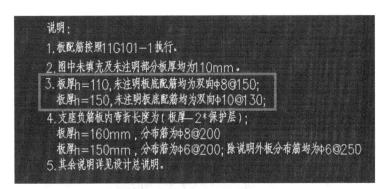

说明:
1. 板配筋按照11G101-1执行。
2. 图中未填充及未注明部分板厚均为10mm。
3. 板厚h=110,未注明板底配筋均为双向Φ8@150;
   板厚h=150,未注明板底配筋均为双向Φ10@130;
4. 支座负筋板内弯折长度为(板厚—2*保护层)。
   板厚h=160mm,分布筋为Φ8@200
   板厚h=150mm,分布筋为Φ6@200;除说明外板分布筋均为Φ6@250
5. 其余说明详见设计总说明。

图 3-83 板厚配筋信息说明

依据说明把板构件绘制完毕之后,可以使用自动配筋的功能来快速布置板筋,如图 3-84 所示。

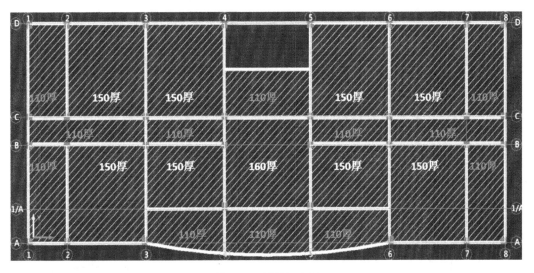

图 3-84 板厚示意图

软件操作步骤如下。

① 在板受力筋界面,运行"自动配筋"功能,如图 3-85 所示。

图 3-85 板受力筋绘图命令工具栏

② 在弹出的"自动配筋设置"窗口中可以选择所有板配筋相同或是同一种板厚配置相同的钢筋,输入底部和顶部钢筋信息,如图 3-86 所示。

③ 结施-09 板配筋选择"同一板厚配筋相同",然后输入相应的板厚和板筋,如图 3-87 所示,点击"确定",鼠标左键框选需要配筋的板,右键结束即可完成。

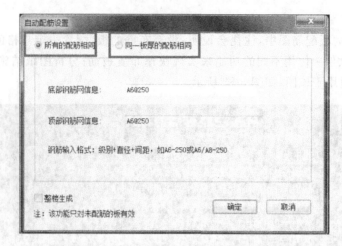

图 3-86 自动配筋设置窗口中的所有的配筋相同选项

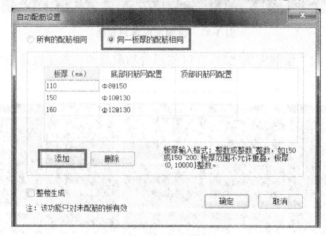

图 3-87 自动配筋设置窗口中的同一板厚的配筋相同选项

3.8.5 跨板受力筋的定义

跨板受力筋是位于板面上,板筋长度完全跨过一块或多块板,并且在两端或者一端有标注的钢筋。分析图纸结施-09,图中跨板受力筋在 B~C 轴之间的板上,如图 3-88 所示。

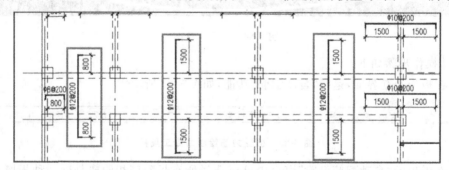

图 3-88 跨板受力筋示意图

操作步骤如下。

下面以 3~4 轴交 B~C 轴的板上的跨板受力筋进行讲解,在板受力筋定义界面"新建跨板受力筋",如图 3-89 所示。

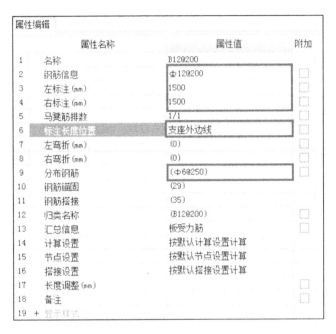

图 3-89　跨板受力筋属性编辑示意图

① 名称:根据图纸输入构件的名称,该名称在当前楼层的当前构件类型下是唯一的,结施-09 没有标注出板筋的名称,因此以板筋的信息作为名称"B12@200"。

② 钢筋信息:输入格式为级别＋直径＋@＋间距,此处输入"B12@200"。

③ 左标注(mm):左边伸出板外的钢筋平直段长度"1500"。

④ 右标注(mm):右边伸出板外的钢筋平直段长度"1500"。

⑤ 马凳筋排数:设置马凳筋的排数,可以为 0。双边标注负筋两边的马凳筋排数不一致时,用"/"隔开,本工程按默认值 1/1。

⑥ 标注长度位置:受力筋左右长度标注的位置,可以根据实际情况进行选择,例如:支座内边线、支座轴线、支座中心线、支座外边线,此处选择支座外边线,如图 3-90 为受力筋长度标注位置的几种形式。

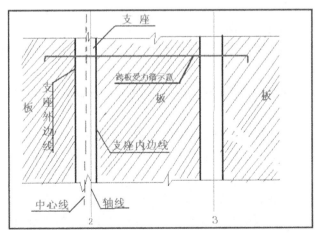

图 3-90　跨板受力筋标注位置分析图

⑦ 左弯折(mm):默认为"0",表示长度会根据计算设置的内容进行计算,也可以输入具体的数值。

⑧ 右弯折(mm):默认为"0",表示长度会根据计算设置的内容进行计算,也可以输入具体的数值。

⑨ 分布钢筋:取"计算设置"中的"分布筋配置"数据,也可自行输入,本工程此处可以不做输入,统一在"计算设置"输入即可,如图 3-91 所示。

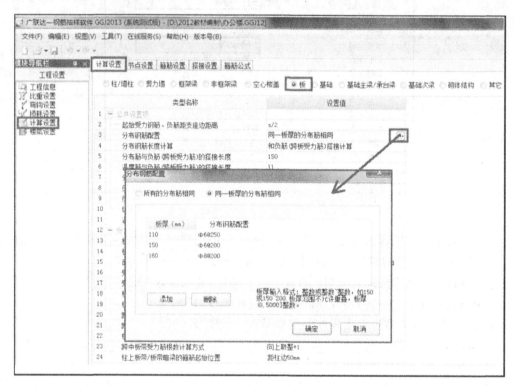

图 3-91　板计算设置界面

⑩ 钢筋锚固:软件自动读取楼层设置中锚固设置的具体数值,当前构件如果有特殊要求,则可以根据具体情况修改。

⑪ 钢筋搭接:要求同钢筋锚固。

⑫ 归类名称:该钢筋量需要归属到哪个构件下,直接输入构件的名称即可,软件默认为当前构件的名称。

⑬ 汇总信息:默认为构件的类别名称。预览时部分报表可以以该信息进行钢筋的分类汇总。

⑭ 计算设置:对钢筋计算规则进行修改,当前构件会自动读取工程设置中的计算设置信息,如果当前构件的计算方法需要特殊处理,则可以针对当前构件进行设置。具体操作方法请参阅"计算设置"。

⑮ 节点设置:对于钢筋的节点构造进行修改,具体操作方法请参阅"节点设置"。当前构件的节点会自动读取节点设置中的节点,如果当前构件需要特殊处理时,可以单独进行调整。

⑯ 搭接设置:软件自动读取楼层设置中搭接设置的具体数值,当前构件如果有特殊要

求,则可以根据具体情况修改。

⑰ 长度调整:钢筋伸出或缩回板的长度,单位 mm。当受力筋的计算结果需要特殊处理时,可以通过这个属性来处理。

⑱ 备注:该属性值仅仅是个标识,对计算不会起任何作用。

3.8.6　跨板受力筋的绘制

跨板受力筋布置方式与板受力筋布置方式相同,详细操作请参考"3.5.4 板受力筋的绘制"一节的相关内容。下面结合结施-09,介绍在板受力筋中没有讲解到的另外一种布置板受力筋的方法。

分析下面图纸(见图 3-92),1~3 轴交 B~C 轴之间的板属于单板,该板中不同的跨布置了跨板受力筋。其中,1~2 轴交 B~C 轴部分板布置了标注长度为 800 mm 的垂直跨板受力筋,2~3 轴交 B~C 轴部分板布置了标注长度为 1500 mm 的垂直跨板受力筋。像这种在一块单板中同一方向上布置不同的跨板受力筋的情况,在绘制板筋时就要用到【自定义范围】布板筋,如图 3-93 所示,具体操作如下。

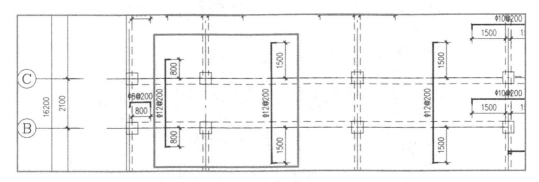

图 3-92　跨板受力筋布置范围分析图

图 3-93　跨板受力筋绘图工具栏 1

① 点击"工具栏"上的【自定义范围】+【垂直】+【矩形】命令,如图 3-94 所示。

图 3-94　跨板受力筋绘图工具栏 2

② 使用鼠标左键在 1 交 B 轴、1 交 C 轴、2 交 B 轴、2 交 C 轴四个点中选择任意对角画矩形,此时软件会以蓝色显示所画矩形边框线,如图 3-95 所示。

③ 在矩形范围内鼠标左键点击,即可完成板筋布置。在绘制好的板筋上标注的属性信息可以直接在图元上进行修改,选择需要修改信息的板筋,鼠标移动到相应的标注上,此时鼠标指针显示成一个手的形状,左键点击即可修改,如图 3-96 所示。

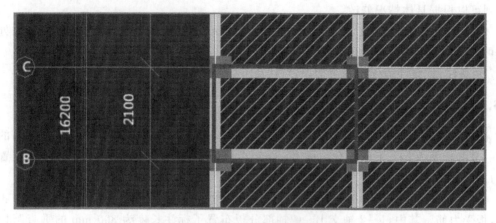

图 3-95 跨板受力筋布置范围示意图

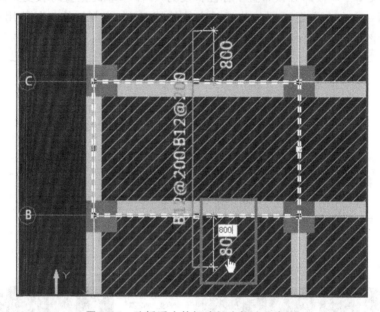

图 3-96 跨板受力筋标注长度修改示意图

3.8.7 负筋的定义

板负筋以标注形式划分可分为,"单边标注负筋"和"双边标注负筋"两种。下面以结施-09板配筋图,1~2轴交 A~C 轴之间的板负筋(见图 3-97)进行讲解"单边标注负筋"和"双边标注负筋"在软件中的定义方法。

1. 单边标注负筋的定义

① 名称:根据图纸输入构件的名称,该名称在当前楼层的当前构件类型下是唯一的,结施-09 没有标注板筋的名称,因此以板筋的信息作为名称"A8@200"。

② 钢筋信息:输入格式为级别+直径+@+间距,此处输入"A8@200"。

③ 左标注(mm):800。

④ 右标注(mm):0。

⑤ 马凳筋排数:设置马凳筋的排数,可以为 0。双边标注负筋,两边的马凳筋排数不一

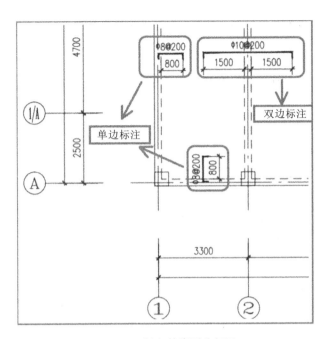

图 3-97　板负筋类型分析图

致时,用"/"隔开,本工程按默认值 1/1。

⑥ 单边标注位置:受力筋左右长度标注的位置,可以根据实际情况进行选择,例如:支座内边线、支座轴线、支座中心线、支座外边线;此处选择支座内边线。

负筋定义完成,如图 3-98 所示,其他选项请参考软件"文字帮助"中的相关内容。

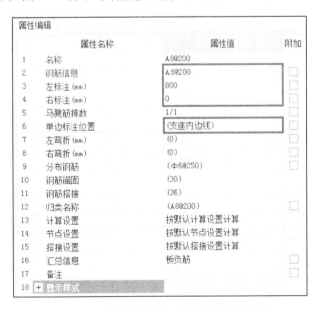

图 3-98　单边标注板负筋属性编辑示意图

2. 双边标注负筋的定义

① 名称:根据图纸输入构件的名称,该名称在当前楼层的当前构件类型下是唯一的,结施-09 没有标注板筋的名称,因此以板筋的信息作为名称"A10@200"。

② 钢筋信息:输入格式为级别＋直径＋@＋间距,此处输入"A10@200"。

③ 左标注(mm):1500。

④ 右标注(mm):1500。

⑤ 马凳筋排数:设置马凳筋的排数,可以为0。双边标注负筋,两边的马凳筋排数不一致时,用"/"隔开,本工程按默认值1/1。

⑥ 非单边标注是否含支座:此处选择否。

负筋定义完成,如图3-99所示,其他选项请参考软件"文字帮助"中的相关内容。

	属性名称	属性值	附加
1	名称	A10@200	
2	钢筋信息	A10@200	☐
3	左标注(mm)	1500	☐
4	右标注(mm)	1500	☐
5	马凳筋排数	1/1	☐
6	非单边标注含支座宽	否	☐
7	左弯折(mm)	(0)	☐
8	右弯折(mm)	(0)	☐
9	分布钢筋	(Φ6@250)	☐
10	钢筋锚固	(30)	
11	钢筋搭接	(36)	
12	归类名称	(A10@200)	☐
13	计算设置	按默认计算设置计算	
14	节点设置	按默认节点设置计算	
15	搭接设置	按默认搭接设置计算	
16	汇总信息	板负筋	☐
17	备注		☐
18	⊞ 显示样式		

图 3-99　双边标注板负筋属性编辑器示意图

3.8.8　负筋的绘制

负筋布置的方法有以下几种:根据圈梁布置、根据连梁布置、根据梁布置、根据墙布置、根据板边布置和画线布置,如图3-100所示。

图 3-100　板负筋绘图命令工具栏

按圈梁布置、按连梁布置、按梁布置、按墙布置,四者操作方法一致。

(1) 按梁布置

第一步:在"工具栏"选择【按梁布置】,在绘图区选择梁图元,选中的图元显示一条白线。

第二步:点击梁的一侧,该侧作为负筋的左标注,完成操作。

(2) 按板边布置

第一步:在"工具栏"选择【按板边布置】,在绘图区选择板边线。

第二步:点击边线的一侧,该侧作为负筋的左标注,完成操作。

(3) 画线布置

在"工具栏"选择【画线布置】,在绘图区使用鼠标左键点击两点,作为画线布置的范围,点击该线的一侧,作为负筋的左标注,完成操作。

若"双边标注负筋"左右长度相等,使用以上方法绘制时不需使用左键确定左侧。

板负筋除了以上介绍的绘制方法之外,对于有一定规律配筋的板,在软件中还提供了【自动生成负筋】功能来快速布置板负筋。下面以结施-09,3 轴上的板负筋为例进行讲解,在该轴上的板负筋信息均为:A10@200,左标注:1500 mm,右标注:1500 mm,根据图纸信息定义该负筋。

在"工具栏"上点击【自动生成负筋】命令,软件会弹出如图 3-101 的提示。

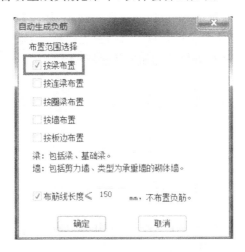

图 3-101　自动生成负筋布置范围选择窗口

选择按"**按梁布置**(其他选择请参考"文字帮助"中相关内容),点确定,鼠标左键点选或框选需要布置改负筋的梁,例如:左键点击 3 轴上的梁 KL8,右键结束,即可生成完毕,如图3-102 所示。

图 3-102　负筋生成成功提示窗口

若在选择的梁上已经布置了负筋,软件会弹出以下提示,此时用户根据工程实际情况选择即可,如图 3-103 所示。

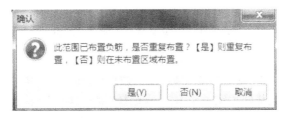

图 3-103　负筋是否重叠布置提示窗口

3.8.9 小结与延伸

① 跨板的受力筋,也可以看作是跨板的负筋,其要用受力筋中的跨板受力筋来定义,不能按负筋定义,因为其计算方法和受力筋相同,和负筋不同。

② 板的绘制,除了点画法,还有直线和弧线画法,或者自动生成板。在实际工程中根据具体的情况进行选择即可,更多操作请参考软件"文字帮助"相关内容。

③ 交换左右标注:对于跨板受力筋或者负筋,在绘制过程中,如果没有很好地区分左标注和右标注,导致绘图时标注反向,则可以通过【交换左右标注】功能来进行调整。

④ 查改钢筋标注:板的受力筋和负筋绘制到图上以后,如果需要进行查看或者修改,可以使用这个功能,该功能可针对钢筋信息和标注进行调整。

3.9 独立基础

3.9.1 独立基础的定义

独立基础属于扩展基础,定义时需要分单元定义。以办公楼结施-02,基础结构平面布置图为例讲解。

【第一步】切换到基础层,在构件定义界面,新建独立基础,如图 3-104 所示。

【第二步】修改名称为 DJ-1,按要求修改底标高和是否扣减板/筏板的底筋和面筋。

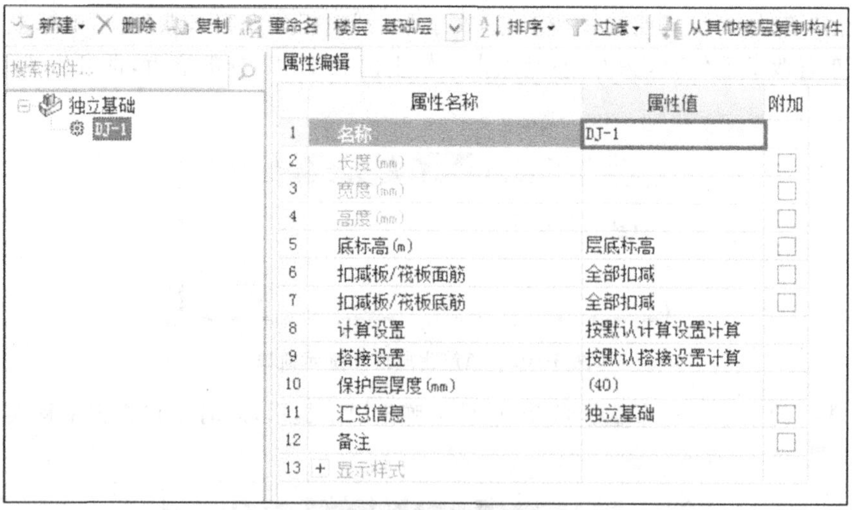

图 3-104 独立基础属性编辑示意图

扣减板/筏板面筋(底筋)默认为"是"时,表示板/筏板面筋(底筋)遇到该独立基础时,钢筋是连续贯穿的;如果改为"否"时,表示板/筏板面筋(底筋)遇到该独立基础时,钢筋是锚入该独立基础的,即从独立基础边锚一个 L_{aE};若选择"隔一扣一",表示板/筏板面筋(底筋)遇到该独立基础时,钢筋一半锚入该独立基础,一半连续贯穿的。

【第三步】把鼠标移动至左边新建独立基础 DJ-1 处,点击鼠标右键,新建矩形独立基础单元。由于独立基础 DJ-1 有 2 级,新建 2 个矩形独立基础单元,如图 3-105 所示。

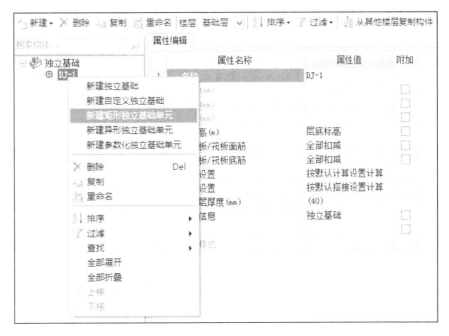

图 3-105　新建独立基础单元示意图

建立好的独立基础单元之后，根据结施-03 基础表输入 DJ-1 每一阶的参数，如图 3-106 所示。

基础编号	类型	基础平面尺寸						基础高度				基础底板配筋			
		X	x1	x2	Y	y1	y2	Hj	h1	h2	h3	①	②	③	④
DJ-1	I	2000	300		2000	300		700	350	350		Φ16@150	Φ16@150		

图 3-106　独立基础单元属性编辑示意图

独立基础 DJ-1 第一阶"底"输入截面长度 2000，截面宽度 2000，高度 350，相对底标高取软件默认值"0"，横向受力筋 B16@150，纵向受力筋 B16@150。第二阶"顶"输入截面长度 1400，截面宽度 1400，高度 350，相对底标高取软件默认值"0.35"，本阶不存在横/纵向受力筋，因此不做输入，独立基础 DJ-1 输入完毕。

其他独立基础依据上述方法建立即可，由于 DJ-2'和 DJ-4 第一阶"底"存在双层配筋，在输入时使用斜杠"/"隔开即可，斜杠前表示下部，斜杠后表示上部，如图 3-107 所示。

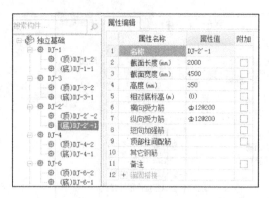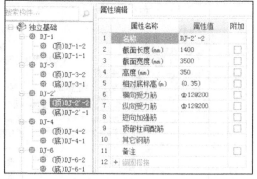

图 3-107　独立基础单元属性编辑示意图

3.9.2　独立基础的绘制

独立基础属于点状构件,其绘图方法与柱构件一致,具体操作步骤参考柱构件的绘制即可。

3.10　钢筋三维

构件的钢筋三维显示功能,可以精确显示构件钢筋的计算结果,按照钢筋实际的长度和形状在构件中排列和显示,并标注各段的计算长度,供用户直观查看计算结果和钢筋对量。钢筋三维能够直观、真实地反映当前所选择图元的内部钢筋骨架,清楚显示钢筋骨架中每根钢筋与编辑钢筋中的每根钢筋的对应关系。并且钢筋三维中数值可修改,计算结果和钢筋三维保持对应,数值修改后,相互保持联动,用户可以实时看到自己修改后的钢筋三维效果。

首先需要汇总计算,计算出钢筋结果之后,才能使用"钢筋三维"来查看计算结果。具体操作步骤如下。

1. 柱的钢筋三维显示

柱的钢筋三维显示,使用户可以直观看到柱钢筋的计算结果和实际形态。柱绘制和计算完毕后,点击【钢筋三维】按钮,然后选择要查看的柱图元。软件切换到钢筋三维的状态,拖动鼠标可以变换观察角度,从各个方向查看钢筋三维图形。

绘图区左上方显示"钢筋显示控制面板",这个对话框是用来设置显示的钢筋类别。当对话框中所有的钢筋都勾选时,绘图区显示所有钢筋的三维钢筋线。勾选某种钢筋时,就显示对应的三维钢筋线。通过设置,可以更清晰地观察钢筋的形状和每段的长度。全部选择时,则可以观察整个图元的钢筋布置情况,与实际施工中的情况基本一致,非常直观。

① 在查看"钢筋三维"的同时,可以通过"编辑钢筋"来查看每根钢筋的计算过程。选中图中任意一根钢筋,"编辑钢筋"表格中就会对应选中这根钢筋的计算。三维图中显示这根钢筋每段线的长度,便于我们查看和对量。同样的,当我们选中"编辑钢筋"中任意一行数据时,软件会自动选中该行数据对应的钢筋三维线,这样我们就可以很直观地看到每个位置的钢筋的形状和计算公式,钢筋的计算更加直观和透明,如图 3-108 所示。

② 在钢筋三维的状态下,可以切换来查看多个柱的计算结果。

③ 柱箍筋的加密区与非加密区正确显示,并与计算结果对应,如图 3-109 所示。

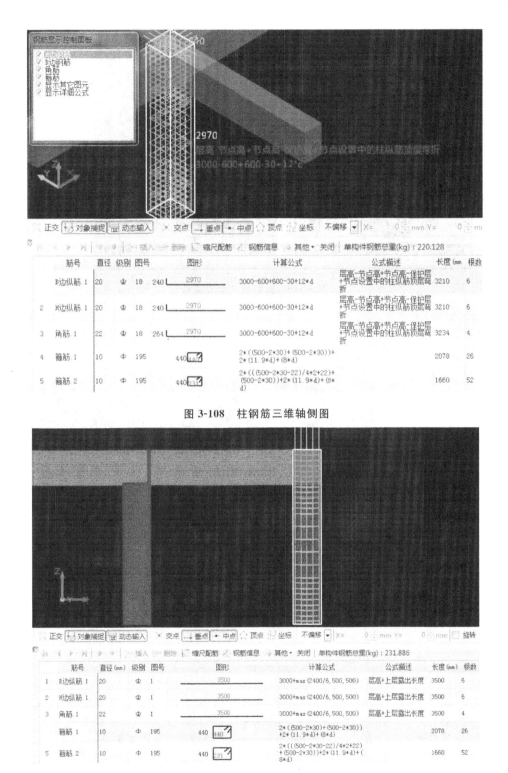

图 3-108　柱钢筋三维轴侧图

图 3-109　柱钢筋三维前视图

④ 柱箍筋的弯钩能够正确显示,弯钩也能错开进行布置,如图 3-110 所示。

柱钢筋三维在截面编辑和非截面编辑状态下分别显示,非截面编辑时按照默认排布显示,截面编辑时按照截面编辑的排布显示。

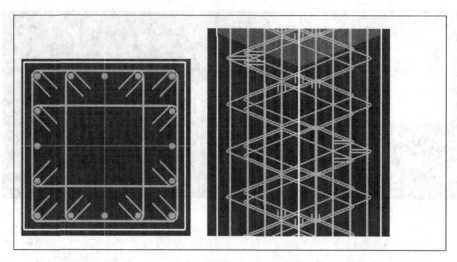

图 3-110　梁钢筋三维俯视图

2. 梁钢筋三维显示

梁钢筋三维的显示,使用户可以直观看到梁钢筋的计算结果和实际形态。

① 通过"钢筋显示控制面板"可以控制钢筋三维的显示类型,如图 3-111 所示。

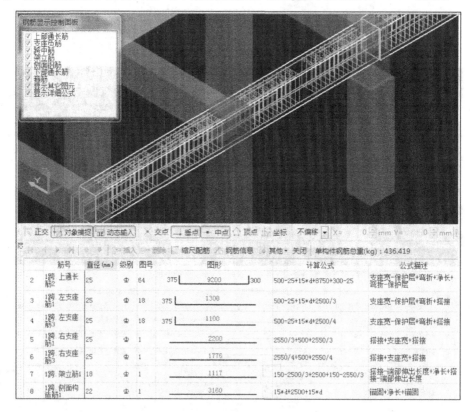

图 3-111　梁钢筋三维轴侧图

② 三维显示的钢筋与编辑钢筋列表中的数据也是一一对应的。选中钢筋线,如图3-111所示,软件会自动定位到编辑列表中的行;选中某一行数据,绘图区会自动选中该行数据对应的钢筋线,并且会对钢筋线的每段长度进行标注,方便查看和对量,如图 3-112 所示。

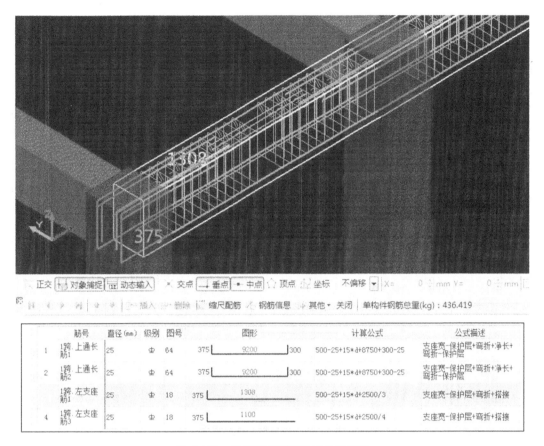

	筋号	直径(mm)	级别	图号	图形	计算公式	公式描述
1	1跨.上通长筋1	25	Φ	64	375 ⌐ 9200 ¬ 300	500-25+15*d+8750+300-25	支座宽-保护层+弯折+净长+弯折-保护层
2	1跨.上通长筋2	25	Φ	64	375 ⌐ 9200 ¬ 300	500-25+15*d+8750+300-25	支座宽-保护层+弯折+净长+弯折-保护层
3	1跨.左支座筋1	25	Φ	18	375 ⌐ 1308	500-25+15*d+2500/3	支座宽-保护层+弯折+搭接
4	1跨.左支座筋3	25	Φ	18	375 ⌐ 1100	500-25+15*d+2500/4	支座宽-保护层+弯折+搭接

图 3-112 梁钢筋三维联动显示示意图

钢筋线的节点区锚固段和其他区段用不同颜色加以区分,方便用户查看计算结果。

③ 钢筋三维中数字可修改,修改后,钢筋线长度会及时联动;同样,如果在"编辑钢筋"中对计算结果进行了修改,钢筋三维也会一起联动,如图 3-113 所示。

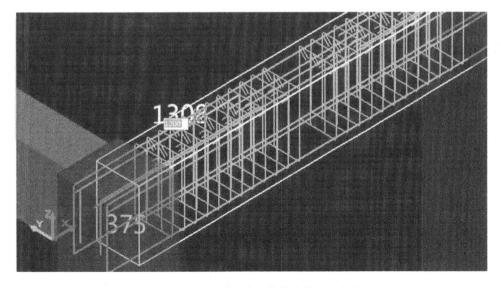

图 3-113 梁钢筋三维钢筋长度修改示意图

④ 如果支座负筋存在多排布置,可以支持多排显示,如图 3-114 所示。

	筋号	直径(mm)	级别	图号	图形	计算公式	公式描述
1	1跨.上通长筋1	25	Φ	64	375 | 9200 | 300	500-25+15*d+8750+300-25	支座宽-保护层+弯折+净长+弯折-保护层
2	1跨.上通长筋2	25	Φ	64	375 | 9200 | 300	500-25+15*d+8750+300-25	支座宽-保护层+弯折+净长+弯折-保护层
3	1跨.左支座筋1	25	Φ	18	375 | 1308	500-25+15*d+2500/3	支座宽-保护层+弯折+搭接
4	1跨.左支座筋3	25	Φ	18	375 | 1100	500-25+15*d+2500/4	支座宽-保护层+弯折+搭接
5	1跨.右支座筋1	25	Φ	1	2200	2550/3+500+2550/3	搭接+支座宽+搭接

图 3-114 梁钢筋三维前视图

3. 板的钢筋三维显示

板钢筋三维显示支持受力筋和负筋。

(1) 板受力筋

① 同时选择到底筋和面筋,然后查看钢筋三维,支持同时显示底筋和面筋的钢筋三维,也可以通过钢筋控制面板来进行控制。

② 也可以只显示底筋或面筋的钢筋三维,再通过鼠标选取钢筋来切换需要查看三维的钢筋种类,如图 3-115 所示。

(2) 板负筋

汇总计算过后,运行"钢筋三维"功能,选择负筋,即可查看负筋钢筋三维。

① 可以同时选择多个负筋,然后查看钢筋三维;选中钢筋三维的某根钢筋线时,在该钢筋线上显示各段的尺寸,同时在"编辑钢筋"的表格中对应的行亮显。

② 板钢筋同样支持三维修改数值,修改后,计算结果与钢筋三维保持联动,如图 3-116、图 3-117 分别为平板和斜板的钢筋三维图。

4. 基础的钢筋三维显示

根据基础构件钢筋的实际排布情况,正确显示钢筋的三维视图。

独立基础如图 3-118 所示。

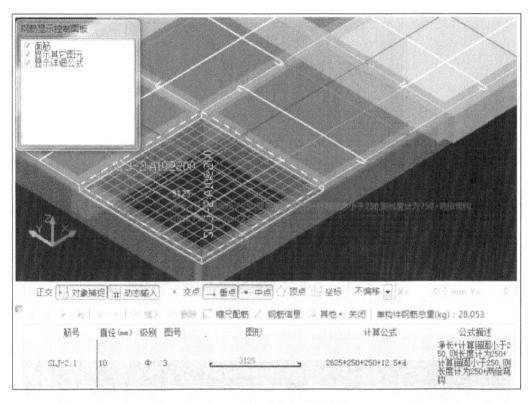

图 3-115 平板受力钢筋三维轴侧图

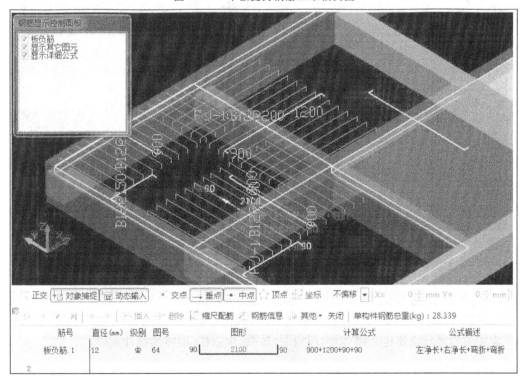

图 3-116 平板负筋钢筋三维轴侧图

图 3-117 斜板负筋钢筋三维轴侧图

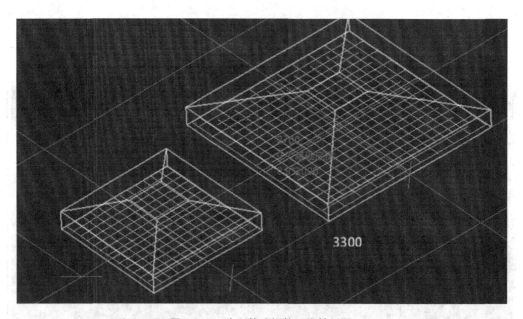

图 3-118 独立基础钢筋三维轴侧图

3.11 砌体结构

砌体结构部分主要包括砌体墙、门窗洞、过梁、构造柱、砌体加筋和圈梁。

3.11.1 砌体墙的定义和绘制

在构件定义界面"新建砌体墙"如图 3-119 所示。

① 名称:根据图纸输入构件的名称,该名称在当前楼层的当前构件类型下是唯一的,本

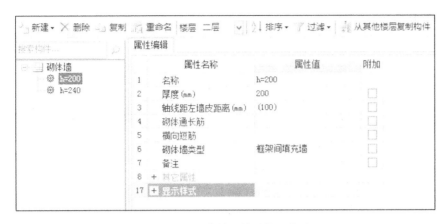

图 3-119 砌体墙属性编辑示意图

图纸中没有给出构件的名称，因此再输入时可以取墙体厚度（厚度值请参考建施-01，建筑设计总说明）作为构件的名称。

② 厚度（mm）：墙体的厚度。

③ 轴线距左墙皮距离（mm）：请参考梁构件的定义。

④ 砌体通长筋：砌体墙上的通长加筋，输入格式为"排数＋级别＋直径＋@＋间距"。例如 2A8@200，本工程未设置此类钢筋，不需要输入。

⑤ 横向短筋：砌体墙上的垂直墙面的短筋，类似于剪力墙上的拉筋，如图 3-120 所示。输入格式为"级别＋直径＋@＋间距或根数＋级别＋直径"。例如 A8@200 或 4B20，本工程未设置此类钢筋，不需要输入。

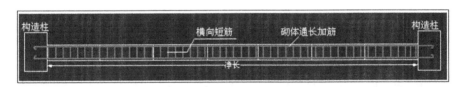

图 3-120 砌体加筋排布图

⑥ 砌体墙类别：软件提供三种类别，填充墙、承重墙、框架间填充墙，本工程选择"框架间填充墙"。

a. 填充墙：不作为板的支座，可与剪力墙重叠绘制，可用于剪力墙上施工洞的绘制，且作为连梁智能布置的对象。

b. 框架间填充墙：不作为板的支座，不能与剪力墙重叠绘制，且不作为连梁智能布置的对象。

c. 承重墙：可作为承重构件绘制，可作为板的支座。

墙体属于线状构件，其绘图方法与梁构件一致，操作步骤请参考"3.7.3 梁的绘制"或软件"文字帮助"中的相关内容。

3.11.2 门窗洞的定义和绘制

门窗洞输入依附构件，在绘制时必须要先把墙体绘制好，否则无法布置门窗洞。下面以建施-02，首层平面图上的门窗来讲解门窗洞的定义和绘制。

1. 门构件的定义

下面以 M1021 为例进行讲解。在门构件定义界面"新建矩形门",如图 3-121 所示。

图 3-121 门属性编辑示意图

① 名称:根据图纸输入构件的名称 M1021,该名称在当前楼层的当前构件类型下是唯一的。

② 洞口宽度(mm):门的实际宽度 1000,如果是异形门或者参数化门,则显示为外接矩形的宽度。

③ 洞口高度(mm):门的实际高度 2100,如果是异形门或者参数化门,则显示为外接矩形的高度。

④ 离地高度(mm):门底部距离当前层楼地面的高度,按默认即可。

⑤ 洞口每侧加强筋:用于计算门周围的加强钢筋,如果顶部和两侧配筋不同,则用"/"隔开,例如 6B12/4B12,本构件不需要输入。

⑥ 斜加筋:输入格式为"数量+级别+直径",例如 4B16,本构件不需要输入。

⑦ 其他钢筋:除了当前构件中已经输入的钢筋以外,还有需要计算的钢筋,则可以通过其他钢筋来输入,本构件不需要输入。

⑧ 汇总信息:默认为洞口加强筋,报表预览时部分报表可以以该信息进行钢筋的分类汇总,本构件可以不做修改。

⑨ 备注:该属性值仅仅是个标识,对计算不会起任何作用。

2. 门构件的绘制

在"工具栏"中选择【点】布置功能,鼠标移动到需要布置门的墙体上,在门的两侧动态显示该门构件距其两侧轴线的距离。如需精确绘制出门的位置,可在门的一侧矩形框内输入距离相对应的轴线尺寸数值,单击"Enter"键确定即可完成绘制。按键盘上"Tab"键可切换到另一侧的输入,若不需要精确布置门窗的位置,可以直接使用鼠标在门的大概位置处点击左键,即可绘制出门图元,如图 3-122 所示。

3. 窗构件的定义

下面以 C1818 为例进行讲解。在窗构件定义界面"新建矩形窗",离地高度输入 900,其他输入参考门构件定义,如图 3-123 所示。

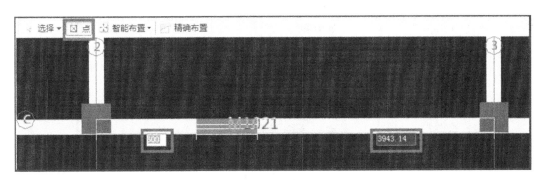

图 3-122　门图元定位示意图

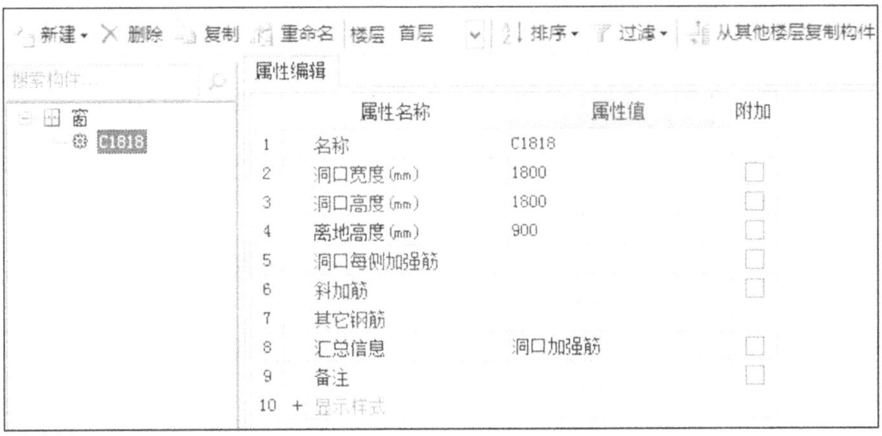

图 3-123　窗属性编辑示意图

4. 窗构件的绘制

门窗洞口的定义和绘制方法基本是相同的,所以在定义或者绘制构件时,只要懂得了一种类型构件的操作方法,其他相似的构件灵活变通应用即可,窗构件的绘制与门构件相同。

3.11.3　门联窗的定义和绘制

下面以建施-02,首层平面图 MC1 为例,讲解门联窗的定义和绘制。在软件中定义门联窗构件时,只能定义一侧门和一侧窗类型。图纸 MC1 属于双侧窗的类型,所以在软件中定义时,只需要定义 MC1 的一半即可,如图 3-124 所示,绘制两次则可完成。

① 名称:根据图纸输入构件的名称 MC1,该名称在当前楼层的当前构件类型下是唯一的。

② 洞口宽度(mm):门联窗的总宽度 2400。

③ 洞口高度(mm):门联窗的总高度 3000。

④ 窗宽度(mm):门联窗中窗的洞口宽度 1200。

⑤ 窗距门底高度(mm):门联窗中窗距离门底的高度 0。

⑥ 窗位置:可以根据实际情况去选择窗在门的左侧还是右侧。

⑦ 门离地高度(mm):门底部距离当前层楼地面的高度,此处输入 0。

其他选项以及门联窗的绘制请参考门窗构件或软件"文字帮助"相关的内容。

图 3-124 门联窗属性编辑示意图

3.11.4 带型窗的定义和绘制

分析图纸建施-03,弧形窗 DXC1(图 3-125)可以使用带型窗来定义。

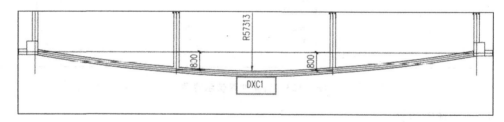

图 3-125 弧形窗示意图

在带型窗定义界面"新建带型窗",如图 3-126 所示。

图 3-126 带型窗属性编辑示意图

① 名称:根据图纸输入构件的名称 DXC1,该名称在当前楼层的当前构件类型下是唯一的。

② 起点顶标高(m):层顶标高-0.4。

③ 起点底标高(m):层底标高+0.2。

④ 终点顶标高(m):层顶标高-0.4。

⑤ 终点底标高(m):层底标高+0.2。

其他选项请参考"文字帮助"相关内容。

带型窗属于"线状构件",绘制方法与梁构件相同,本处不再作描述。

3.11.5 构造柱的定义和绘制

分析图纸结施-01,结构设计总说明。第八节第一条为"墙体转角或纵横墙相交位置设置相应尺寸的构造柱,框架柱间的墙长度大于 5 m 时,在墙的中间位置设构造柱"。

构造柱的定义和绘制与框架柱相同,这里不作介绍,请参照"文字帮助"。在实际工程中构造柱一般情况下不会在图纸上直接标注出来,大多数图纸都是直接在说明中给出构造柱的布置规则,因此软件也根据构造柱这一特性开发了【自动生成构造柱】功能,如图 3-127 所示。

图 3-127 构造柱绘图命令工具栏

点击"工具栏"上的【自动生成构造柱】(此功能不需要先建立柱构件)命令,弹出如图3-128所示的窗口。

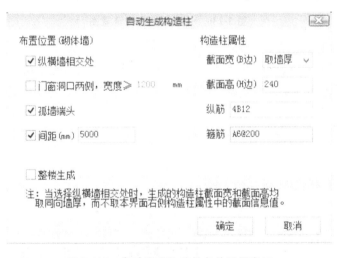

图 3-128 自动生成构造柱条件设置窗口

根据工程实际情况,勾选需要生成构造柱的选项,点击"确定",鼠标左键点选或者框选需要生成构造柱的墙体,右键结束,构造柱生成完毕。

3.11.6 过梁的定义和绘制

过梁属于依附构件,绘制过梁时必须要把门窗洞口绘制好,分析图纸结施-01结构总说明,第八节第二条,过梁的信息以及布置条件如图 3-129 所示。

在软件定义界面"新建矩形过梁",输入相应的属性信息,如图 3-130 所示。

① 名称:根据图纸输入构件的名称,该名称在当前楼层的当前构件类型下是唯一的,可

门窗洞宽/mm	h/mm	①号钢筋	②号钢筋	截面
≤1300	200	2φ8	2φ12	
1300<L≤2000	250	2φ10	2φ14	
2000<L≤4000	300	2φ10	2φ16	
过梁宽度同墙宽度,其支座长度≥250 mm				

图 3-129 过梁配筋表

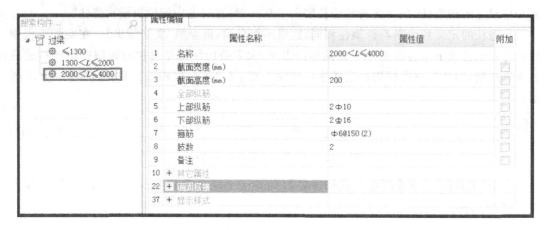

图 3-130 过梁属性编辑示意图

取洞口宽度作为名称。

② 截面宽度(mm):过梁的宽度,数值默认为空,宽度为其所在的墙图元的宽度。

③ 截面高度(mm):输入梁截面高度的尺寸。

其他选项输入与梁定义相同。

过梁的布置在软件中提供了两种布置方式,一是【点】布置,二是【智能布置】,如图 3-131 所示。

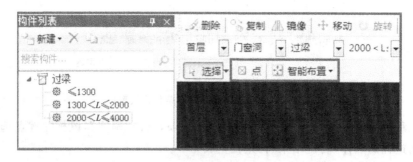

图 3-131 过梁绘图命令工具栏

【点】布置的操作步骤是:在构件列表中选择需要布置的过梁构件,左键点击【点】命令,在绘图区点选需要布置的门窗洞口即可完成绘制。

【智能布置】绘制过梁主要分为三种形式,如图 3-132 所示。

分析图纸可知,本工程适合采用【智能布置】→【按门窗洞口宽度布置】,选择该命令后,根据所做工程的相关说明,勾选"布置类型",输入"布置条件",确定即可完成,如图 3-133 所示。

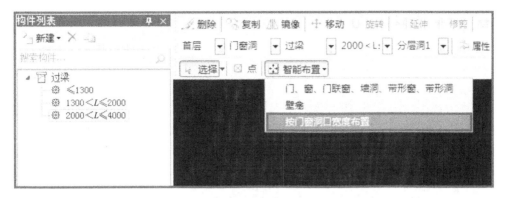

图 3-132　按门窗洞口宽度布置过梁工具栏

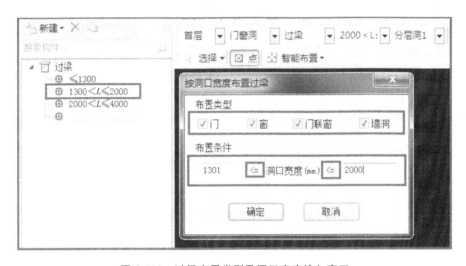

图 3-133　过梁布置类型及洞口宽度输入窗口

3.11.7　砌体加筋的定义和绘制

在软件定义界面"新建砌体加筋"选择截面类型,在右上角输入相应的属性值,如图 3-134所示,点击"确定"构件定义完成。

软件提供了多种砌体加筋的绘制方法,如图 3-135 所示。选择【点】布置时,左键点击需要布置砌体加筋的柱图元即可完成绘制。【智能布置】→【柱】操作:点选或者框选需要生成砌体加筋的柱图元,右键确定,绘制完毕。

除以上布置方法外,软件中还提供了【自动生成砌体加筋】(该命令不需要先建立构件)的方法。在生成的过程中,该命令会自动地反建构件,操作步骤如下。

① 在"工具栏"中点击【自动生成砌体加筋】命令,弹出"参数设置窗口",如图 3-136 所示。

② 点击插入按钮选择加筋类型,在右边参数图中修改加筋信息,点击"确定",左键框选需要生成加筋的柱图元,右键结束,提示"砌体加筋生成成功",如图 3-137 所示。

若选中的柱图元已经绘制了砌体加筋,软件会弹出如图 3-138 所示的窗口,此时用户根据实际工程需要选择即可。

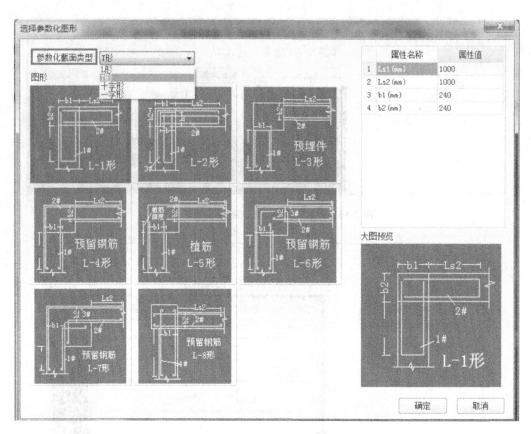

图 3-134　砌体加筋参数化图形选择窗口

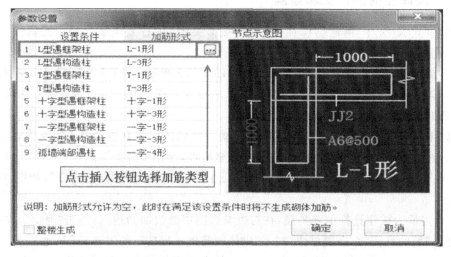

图 3-135　砌体加筋绘图命令工具栏

图 3-136　砌体加筋参数设置窗口

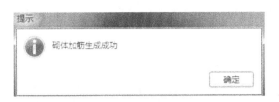

图 3-137 砌体加筋生成成功提示窗口

图 3-138 砌体加筋是否覆盖布置提示窗口

3.12 其他楼层绘制

3.12.1 层间复制

首层绘制完毕后,其他楼层,包括 2 层到顶层、基础层的绘制方法和首层相似。可以通过层间复制来绘制其他层的构件。

层间复制有两种方式:复制选定图元到其他楼层和从其他楼层复制构件图元。下面以柱为例,介绍层间复制的操作方法。

首层柱绘制完毕后,二层柱与首层基本相同,需要把首层柱图元复制到 2 层。

① 若当前楼层处于"首层",则使用"复制选定图元到其他楼层",在"工具栏"上点击【批量选择】命令,弹出批量选择对话框,勾选所有柱,如图 3-139 所示,点击"确定"。

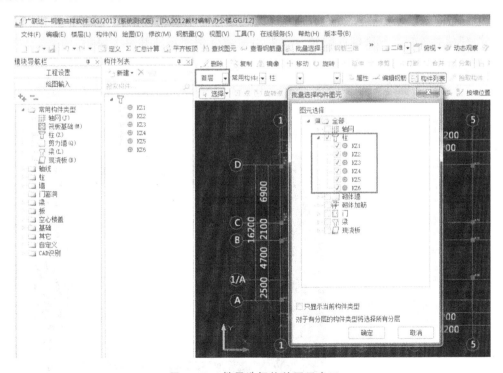

图 3-139 批量选择构件图元窗口

在楼层菜单下选择"复制选定图元到其他楼层",在下面对话框中勾选"第 2 层",如图 3-140所示,点击"确定",即可将选中的图元复制到第 2 层。

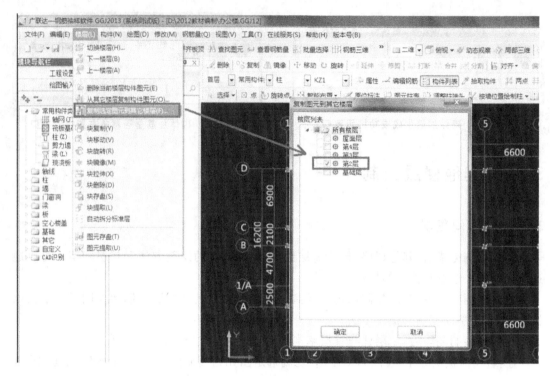

图 3-140 复制选定图元到其他楼层窗口

② 若当前楼层处于"第 2 层",则使用"从其他楼层复制构件图元",在"菜单栏"上选择"楼层"→"从其他楼层复制构件图元",在弹出对话框中勾选柱和第 2 层,如图 3-141 所示,确定即可完成层间复制。

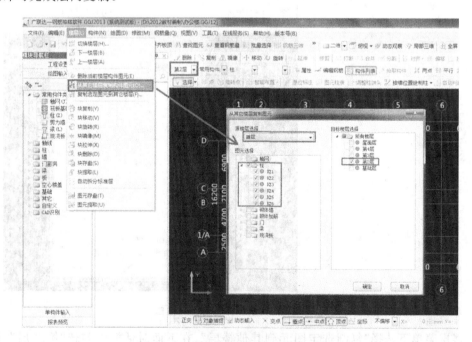

图 3-141 从其他楼层复制构件图元窗口

3.12.2 复制后修改

把首层的柱复制到 2 层后,某些图元与首层有变化,例如 KZ1,B 边一侧中部筋和 H 边一侧中部筋都由原来的 2B22 变为 2B20,箍筋 A10@100/200 变为 A8@100/200,如图 3-142 所示。

柱表								
柱号	标 高	bxh (圆柱直径)	角 筋	b边一侧 中部筋	h边一侧 中部筋	箍筋型号	箍 筋	
KZ1	基础顶面~3.870	500X500	4Φ25	2Φ22	2Φ22	1(4X4)	Φ10@100/200	
	3.870~15.570	500X500	4Φ25	2Φ20	2Φ20	1(4X4)	Φ8@100/200	

图 3-142 柱配筋表

其变化可以在"属性编辑器"或"原位标注"中进行修改,如图 3-143 所示。

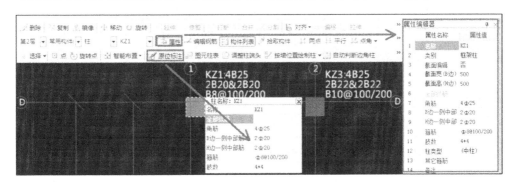

图 3-143 柱纵筋信息修改示意图

3.12.3 顶层

顶层构件的定义和绘制与首层基本相同。需要注意的是,顶层柱的顶部锚固节点计算,需要根据柱类型匹配不同的节点,需要判断柱的边角类型。顶层板若无面筋贯通时,一般要设置温度筋。

1. 自动判断边角柱

在柱的属性定义中有一个"柱类型"的属性,默认为中柱,允许我们修改为角柱或边柱,根据 11G101-1 的要求,三种类型的柱在顶层时的钢筋构造是不同的,所以在顶层时我们需要正确选择每个柱图元的"柱类型"属性才能保证钢筋计算结果的准确性。

顶层梁绘制完毕后,围成了封闭的区域,就可以进行边角柱的识别了。

在柱的图层,选择"工具栏"上的【自动判断边角柱】软件提示自动判断边角柱成功,如图 3-144 所示。

图 3-144 柱绘图命令工具栏

该功能只针对框架柱和框支柱,判断完毕后,边柱和角柱颜色改变,与中柱不同,三种不同颜色显示不同的柱类型。

2. 温度筋的定义和绘制

分析图纸结施-11 屋面板配筋图,说明第 5 条要求,在屋面板单层钢筋区域增设温度筋 A8@100,如图 3-145 所示。

说明:
1. 板配筋按照11G101-1执行.
2. 图中未填充及未注明部分板厚均为110 mm.
3. 板厚h=110 mm,未注明板底配筋均为双向φ8@150;
  板厚h=150 mm,未注明板底配筋均为双向φ10@130;
4. 支座负筋板内弯折长度为(板厚-2*保护层);
  板厚h=160 mm,分布筋为φ8@200;
  板厚h=150 mm,分布筋为φ6@200;除说明外板分布筋均为φ6@250
5. 顶层中部单层钢筋区域附加温度筋φ8@200.
6. 其余说明详见设计总说明.

图 3-145 温度筋配筋信息说明

温度筋定义在板受力筋定义界面"新建受力筋",属性值"类别"选择"温度筋"即可,如图 3-146 所示,其绘制方法与受力筋相同,请参考"3.5.4 板受力筋的绘制"相关操作。

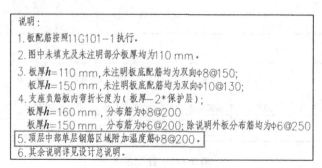

图 3-146 温度筋属性编辑示意图

3.12.4 小结与延伸

① 构件与图元的区别:构件列表中显示的为构件,绘图区显示的为图元。

② 复制到其他楼层后,属性值不同的图元,修改时要注意"公有属性"和"私有属性"的修改方法。

a. 公有属性:属性编辑器中属性名称列字体颜色为蓝色的项。需要修改图元的公有属性值时,可以在任意界面的属性编辑器中修改。

b. 私有属性:属性编辑器中属性名称列字体颜色为黑色的项。需要修改图元的私有属性值时,必须在绘图区域界面,选中需要修改的图元(可以多选)到属性编辑器中修改。

3.13 零星构件

工程中除了柱、墙、梁、板等主体结构以外,还存在其他一些零星构件,例如楼梯和阳角放射筋。这类构件和零星的钢筋,在绘图输入部分不方便绘制,软件提供了"单构件输入"的方法。

单构件输入部分,主要有两种输入方式:参数输入和直接输入。

3.13.1 参数输入

参数输入通过选择软件内置构件的参数图,输入钢筋信息,进行计算。下面通过楼梯的单构件输入,来介绍参数输入的使用方法。

在左侧导航栏中选择切换到"单构件输入",点击"构件管理",在"单构件输入构件管理"界面选择"楼梯"构件类型,点击添加 LT-1,如图 3-147 所示。

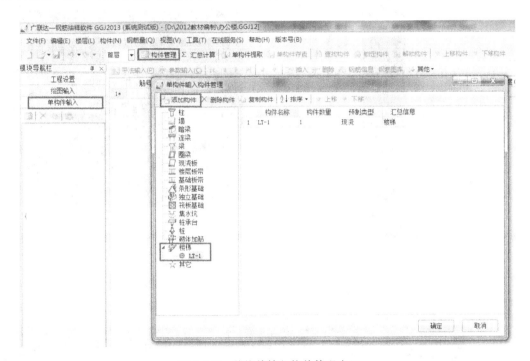

图 3-147　单构件输入构件管理窗口

构件名称可根据图纸输入 TB1,若还有其他梯段,则继续添加,修改好名称,单击确定。

单击"参数输入"命令,如图 3-148 所示,进入到"参数输入法"界面,选择需要匹配参数图集的楼梯名称。

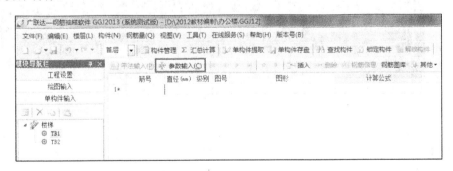

图 3-148　单构件输入界面

单击"选择图集"命令,在弹出的"选择标准图集"对话框中选择好与图纸一致的楼梯参数图。

单击"选择"命令,如图3-149所示,当前楼梯参数图被选到"参数输入法"界面,在此界面参数图上的绿色标注均可修改。参数修改完毕后点击"计算退出",如图3-150所示。

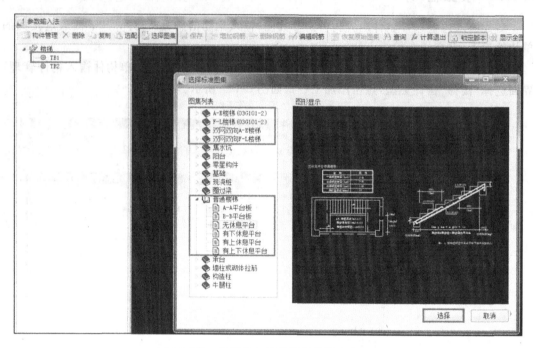

图 3-149　参数输入法选择标准图集窗口

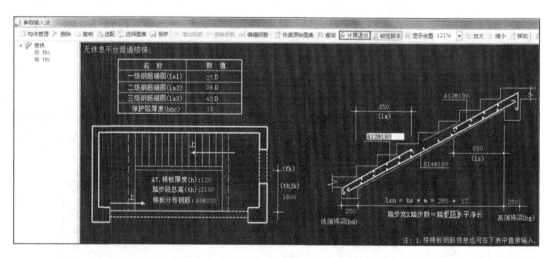

图 3-150　标准图集信息修改示意图

计算退出后回到"单构件输入"界面,显示结果如图3-151所示。

若其他楼层存在与本层相同的构件,则可使用菜单"楼层"→"复制构件到其他楼层"功能;在"复制构件到其他楼层"窗口中选择需要复制的构件和目标楼层,确定即可完成复制,如图3-152所示。

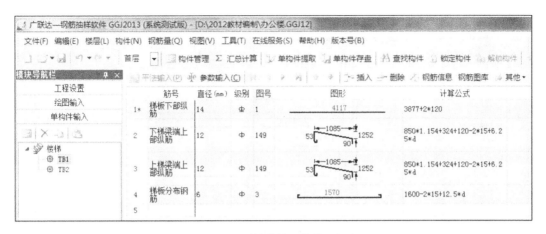

图 3-151　单构件输入楼梯明细表

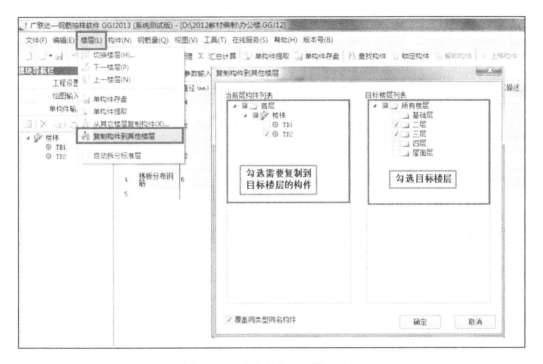

图 3-152　复制单构件到其他楼层窗口

3.13.2　直接输入法

　　单构件中的直接输入法,与参数输入法新建构件的操作方法一致。建立好构件后,选择工具条上的【钢筋图库】命令,弹出"选择钢筋图形"窗口,通过"弯折"和"弯钩"过滤出需要的钢筋形状,如图 3-153 所示,双击需要的钢筋形状传送到单构件输入窗口的"图形"列。

　　修改筋号、直径和图形列钢筋形状上的变量即可完成钢筋量的计算,如图 3-154 所示。

　　若在软件"钢筋图库"中找不到合适的钢筋形状,则可以使用"自定义图库"功能,进行钢筋形状的绘制和公式的设置,如图 3-155 所示,操作步骤请参考"文字帮助"。

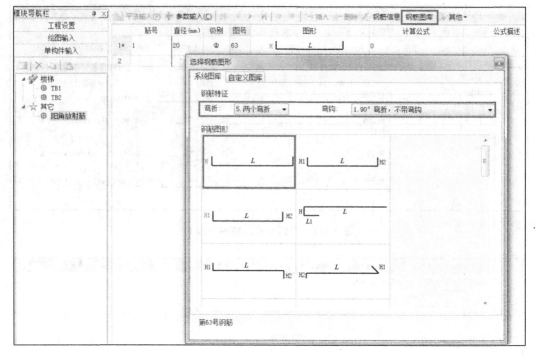

图 3-153　非参数输入系统图库钢筋图形选择窗口

图 3-154　非参数输入钢筋信息

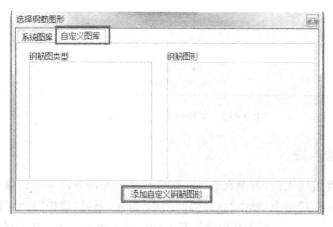

图 3-155　非参数输入自定义钢筋图形窗口

3.14 计算设置和查看工程量

3.14.1 计算设置

计算设置默认了平法和规范的规则,实际工程中如果存在与平法和规范不一致的算法,可在计算设置中进行调整。下面以基础插筋为例进行讲解。分析图纸结施-03 可知,柱插筋在基础内做法是"角筋伸到基础底弯折 250 mm,其余纵筋锚入基础 L_{ae}",如图 3-156 所示。

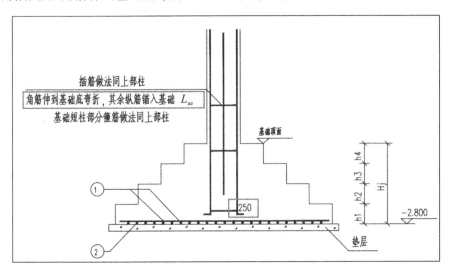

图 3-156　柱基础插筋弯折信息示意图

该设置可在"计算设置"→"柱/墙柱"→"第 15、16 项"进行修改,如图 3-157 所示。

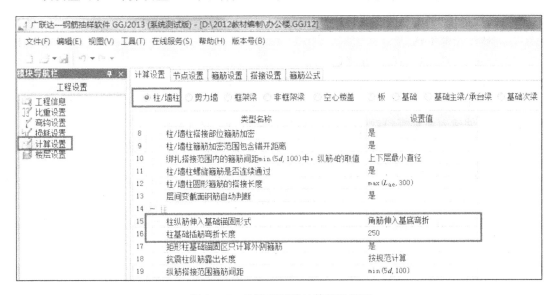

图 3-157　柱基础插筋计算设置界面

采用同样的方法,对其他需要修改的项进行修改,本节不再做描述,更多操作请参考"文字帮助"相关内容。

3.14.2 查看工程量

前面提到过钢筋计算结果查看的原则。对于水平构件,例如梁,在某一层绘制完毕后,只要支座和钢筋信息输入完成,就可以汇总计算,查看计算结果;但是对于竖向构件,例如柱,由于与上下层的柱存在搭接的关系,与上下层的梁和板也存在节点之间的关系,所以需要在上下层相关联的构件都绘制完毕后,才能按照构件关系准确计算。

1. 汇总计算

用户需要计算工程量时,点击"钢筋量"菜单下的"汇总计算",或者在工具条中点击【汇总计算】命令按钮,弹出"汇总计算"对话框,如图 3-158 所示。

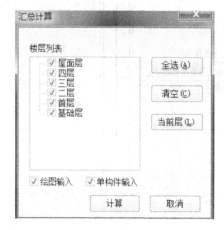

图 3-158 楼层汇总计算窗口

① 在"楼层列表"中显示当前工程的所有楼层,默认勾选当前所在楼层,用户可以根据需要选择所要汇总的计算楼层。

② 全选:可以选中当前工程中所有楼层。

③ 清空:全部不选。

④ 当前层:只汇总当前所在楼层。

⑤ 绘图输入:在绘图输入前打勾,表示只汇总绘图输入方式下构件的工程量。

⑥ 单构件输入:在单构件输入前打勾,工程只汇总单构件输入方式下的工程量;若绘图输入和单构件输入前都打勾,则工程中所有构件都进行汇总计算。

用户选择需要汇总计算的楼层,点击【计算】,软件开始计算并汇总选中楼层构件的钢筋量,计算完毕,弹出"计算成功"窗口,如图 3-159 所示。

图 3-159 汇总计算成功窗口

根据所选范围的大小和构件数量的多少,需要不同的时间计算。

2. 查看构件钢筋计算结果

计算完毕后,用户可以采用以下几种方式查看计算结果和汇总结果。

① 查看钢筋量:使用"查看钢筋量"功能在"钢筋量"菜单下或者工具条中选择【查看钢筋量】,然后选择需要查看钢筋量的图元,可以使用鼠标选择一个或者多个图元,也可以拉框选择多个图元,弹出如图 3-160 所示对话框,显示所选图元的钢筋计算结果。

	构件名称	钢筋总重量（kg）	HRB335				
			10	20	22	25	合计
1	KZ1[35]	257.011	113.903	0	86.944	56.164	257.011
2	KZ3[36]	257.011	113.903	0	86.944	56.164	257.011
3	KZ3[37]	257.011	113.903	0	86.944	56.164	257.011
4	KZ3[38]	260.803	117.067	0	87.326	56.41	260.803
5	KZ3[39]	260.803	117.067	0	87.326	56.41	260.803
6	KZ3[40]	257.011	113.903	0	86.944	56.164	257.011
7	KZ3[41]	257.011	113.903	0	86.944	56.164	257.011
8	KZ1[42]	257.011	113.903	0	86.944	56.164	257.011
9	KZ2[43]	257.011	113.903	0	86.944	56.164	257.011
10	KZ4[44]	242.132	113.903	72.065	0	56.164	242.132

钢筋总重量（kg）：8184.857

图 3-160 柱钢筋量显示窗口

② 需要查看不同类型构件的钢筋量时,可以使用"批量选择"功能,点击 F3,或者在工具条上点击【批量选择】,选择对应构件,如图 3-161 所示选择柱和梁。

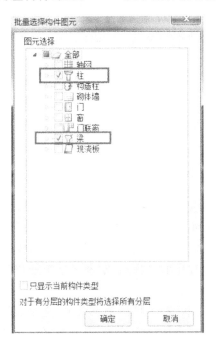

图 3-161 批量选择构件图元窗口

然后选择"查看钢筋量",弹出"查看钢筋量表",表中列出所有柱和梁的计算钢筋结果,按照级别和直径列出,并列出合并计算钢筋量,如图 3-162 所示。

钢筋总重量(kg):13489.877

序号	构件名称	钢筋总重量(kg)	HPB300 6	8	10	合计	HRB335 10	16	20	22	25	合计	HRB400 20	合计
28	KZ4[57]	242.132	0		0	0	113.903	0	72.065	0	56.164	242.132	0	0
29	KZ5[63]	285.438	0		0	0	137.87	0	90.896	0	56.672	285.438	0	0
30	KZ5[64]	285.438	0		0	0	137.87	0	90.896	0	56.672	285.438	0	0
31	KZ6[59]	290.591	0		0	0	141.7	0	91.711	0	57.18	290.591	0	0
32	KZ6[60]	290.591	0		0	0	141.7	0	91.711	0	57.18	290.591	0	0
33	KL1(7)[190]	937.395	6.771	117.244	73.501	197.516	0	49.22	652.423	0	0	701.643	38.236	38.236
34	KL2(7)[191]	1095.012	7.655	117.244	77.635	202.534	0	49.22	843.258	0	0	892.478	0	0
35	KL3(3)[192]	414.327	0	58.622	0	58.622	0	0	355.705	0	0	355.705	0	0
36	KL3(3)[193]	394.725	0	58.622	0	58.622	0	0	336.103	0	0	336.103	0	0
37	KL6(3)[194]	419.528	0	58.622	0	58.622	0	0	360.907	0	0	360.907	0	0
38	KL6(3)[195]	419.528	0	58.622	0	58.622	0	0	360.907	0	0	360.907	0	0
39	KL7(1)[196]	198.34	0	24.778	0	24.778	0	0	173.562	0	0	173.562	0	0
40	KL7(1)[197]	190.957	0	23.57	0	23.57	0	0	167.387	0	0	167.387	0	0
41	KL7(1)[198]	190.957	0	23.57	0	23.57	0	0	167.387	0	0	167.387	0	0
42	KL7(1)[199]	198.34	0	24.778	0	24.778	0	0	173.562	0	0	173.562	0	0
43	KL8(3)[200]	422.955	0	61.644	0	61.644	0	0	361.312	0	0	361.312	0	0
44	KL8(3)[201]	422.955	0	61.644	0	61.644	0	0	361.312	0	0	361.312	0	0
45	合计	13489.877	14.427	688.959	151.135	854.521	3761.083	98.44	5544.446	1391.875	1801.276	12597.12	38.236	38.236

图 3-162　柱梁钢筋量显示窗口

3. 编辑钢筋

要查看单个图元钢筋计算的具体结果,可以使用"编辑钢筋"功能。下面以首层 1 轴和 A 轴上的柱 KZ1 为例来介绍"编辑钢筋"查看计算结果。

在查看"钢筋量"菜单中选择"编辑钢筋"或者在工具条中点击【编辑钢筋】按钮,然后选择 KZ1 图元,在绘图区下方显示"编辑钢筋"列表,如图 3-163 所示。

图 3-163　编辑钢筋显示窗口

从上到下一次列出 KZ1 各类钢筋的计算结果,包括钢筋信息(直径、级别、根数等),每根钢筋的图形和公式,并且对公式进行描述,用户可以清楚地看到计算过程。例如,第一行列出的是 B 边纵筋,在这行用户可以看到 B 边纵筋的所有信息。

3.14.3　报表预览

用户最终需要查看构件钢筋的汇总量时,通过"汇总报表"部分来实现。点击导航栏中的"报表预览",切换到报表界面,显示"设置报表范围"对话框,如图 3-164 所示。

① 设置楼层、构件范围:选择需要查看打印那些层的那些构件,把要输出的打勾即可。

② 设置钢筋类型:选择要输出的是植筋、箍筋还是植筋和箍筋一起输出,把要输出的打勾即可。

③ 设置直径分类条件:根据定额子目设置来设定,比如定额设置了直径 10 以内和直径 10 以外的子目,这里就需要选择直径小于等于 10 和直径大于 10。选择方法是在直径类型前打勾并选择直径大小。

④ 同一个构件内合并相同钢筋:同一个构件内如果有形状长度相同的钢筋,如果在输出时不希望同样的钢筋出现多次,请把这里打勾。

⑤ 绘图输入后,还有单构件输入的页签,界面与此一致,使用方法也一致,用来设置需要打印预览的单构件部分的构件。

图 3-164　设置报表范围窗口

对这两部分设置完毕后,点击"确定",报表将按照刚才所做的设置显示出输出打印。在报表预览部分,软件提供了多种报表样式供用户查看和打印,如图 3-165 所示,具体的介绍请参照"文字帮助"。

报表预览

定额指标
　工程技术经济指标
　钢筋定额表
　接头定额表
　钢筋经济指标表一
　钢筋经济指标表二
　楼层构件类型经济指标表
　部位构件类型经济指标表
明细表
　钢筋明细表
　钢筋形状统计明细表
　构件汇总信息明细表
　楼层构件统计校对表
汇总表
　钢筋统计汇总表
　钢筋接头汇总表
　楼层构件类型级别直径汇总表
　构件类型级别直径汇总表
　钢筋级别直径汇总表
　构件汇总信息分类统计表
　钢筋连接类型级别直径汇总表
　措施筋统计汇总表
　植筋楼层构件类型级别直径汇总表
　预埋件楼层构件类型统计表
　机械锚固汇总表

图 3-165　报表预览界面

3.15 综述

本章通过对样例工程图纸的分析和绘制,介绍了用 GGJ2013 软件做工程的大概流程和一般方法。按照工程建立和构件绘制的顺序,讲解大部分主要构件的定义和绘制,并在中间穿插了软件功能的介绍。目的是希望通过实际工程的讲解,使初学者和用户掌握用软件做工程的一般流程和软件的基本思想,以及软件的基本功能。用户在学习和练习中,可以参照"文字帮助"中的内容,逐步提高自己对软件的掌握,更好地辅助算量工作。

第二部分
广联达土建算量软件 GCL2013

广联达土建算量软件 GCL2013 是基于公司自主平台研发的一款算量软件,无需安装 CAD 软件即可运行。软件内置全国各地现行清单、定额计算规则,第一时间响应全国各地行业动态,这种清单更新远远领先于同行软件,确保用户及时使用。软件采用 CAD 导图算量、绘图输入算量、表格输入算量等多种算量模式,三维状态自由绘图、编辑,高效、直观、简单。软件运用三维计算技术,轻松处理跨层构件计算,帮助用户解决难题。提量简单,无需套做法亦可出量,报表功能强大,提供了做法及构件报表量,满足招标方和投标方的各种报表需求。

第4章 土建工程量计算思路

4.1 算量软件能算什么量

算量软件能够计算的工程量包括：土石方工程量、砌体工程量、混凝土及模板工程量、屋面工程量、天棚及其楼地面工程量、墙柱面工程量等。

4.2 算量软件是如何算量的

软件算量并没有完全抛弃手工算量。实际上，软件算量是将手工算量的思路完全内置在软件中，只是将过程利用软件实现，依靠已有的计算扣减规则，利用计算机这个高效的运算工具快速、完整地计算出所有的细部工程量，让大家从烦琐的背规则、列式子、计算器按键中解脱出来，如图 4-1 所示。

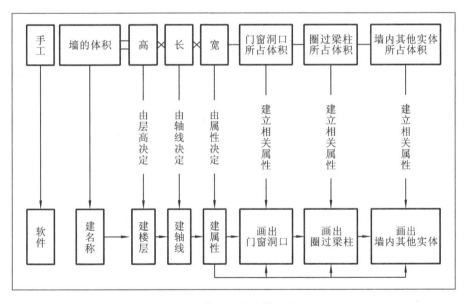

图 4-1 手工算量和软件算量的关系图

第 5 章 工 程 建 立

5.1 启动软件

桌面选择【开始】→【所有程序】→【广联达建设工程造价管理整体解决方案】→【广联达土建算量软件 GCL2013】，或在桌面上双击图标"广联达土建算量软件 GCL2013"，如图 5-1 所示，也可以启动软件。

图 5-1 GCL2013 桌面快捷方式

5.2 新建工程

利用"新建向导"建立工程，或者点击"打开工程"可以打开以前做过的工程。"视频帮助"是一些功能的使用方法介绍，如图 5-2 所示。

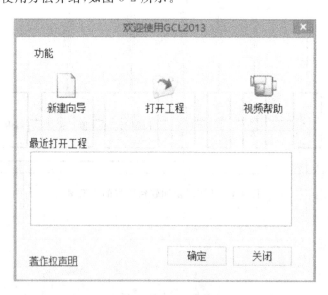

图 5-2 新建向导窗口

鼠标左键单击"新建向导"按钮，直接进入到新建工程向导窗口，软件将引导进入广联达图形工程量计算界面，如图 5-3 所示。

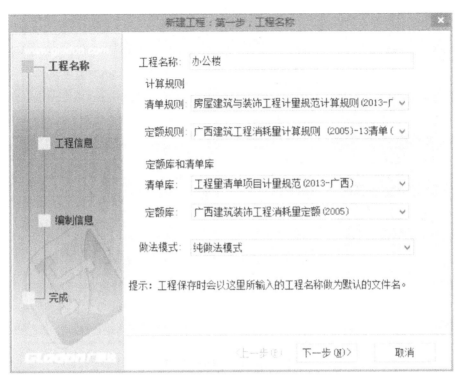

图 5-3　工程名称输入窗口

【第一步】输入工程名称:办公楼(建议输入自己的名字＋学号,以方便查找)。

【第二步】选择计算规则:清单规则选择"房屋建筑与装饰工程计量规范计算规则(2013-广西)",定额规则选择"广西建设工程消耗量计算规则(2005)-13 清单"。

【第三步】选择定额库和清单库:清单库选择"工程量清单项目设置规则(2013-广西)",定额库选择"广西建筑装饰工程消耗量定额(2005)"。

说明:如不做清单,只做定额,那么只需要选择定额规则和定额库即可,而不需要选择清单规则和清单库。

【第四步】选择做法模式:软件提供两种模式,即纯做法模式和工程量表模式。选择纯做法模式,然后点击"下一步"。

说明:纯做法模式需要自行添加需要计算的工程量和选择对应的工程量代码(即计算规则)。工程量表模式是软件已经内置了整个工程需要计算的工程量和对应的工程量代码,对于预算的初学者较适用,可以防止漏套定额或者漏算工程量。

【第五步】输入室外地坪相对±0.000 标高,本工程输入－0.47 m,如图 5-4 所示。黑色字体内容只起到标识的作用,对工程量计算没有任何影响,可以输入也可以不输入。输入完毕后点击"下一步"。

【第六步】编制信息页面的内容只起标识作用,不需要进行输入,直接点击"下一步"。

【第七步】确认输入的所有信息没有错误后,点击完成,即完成新建工程的操作,如图 5-5 所示。

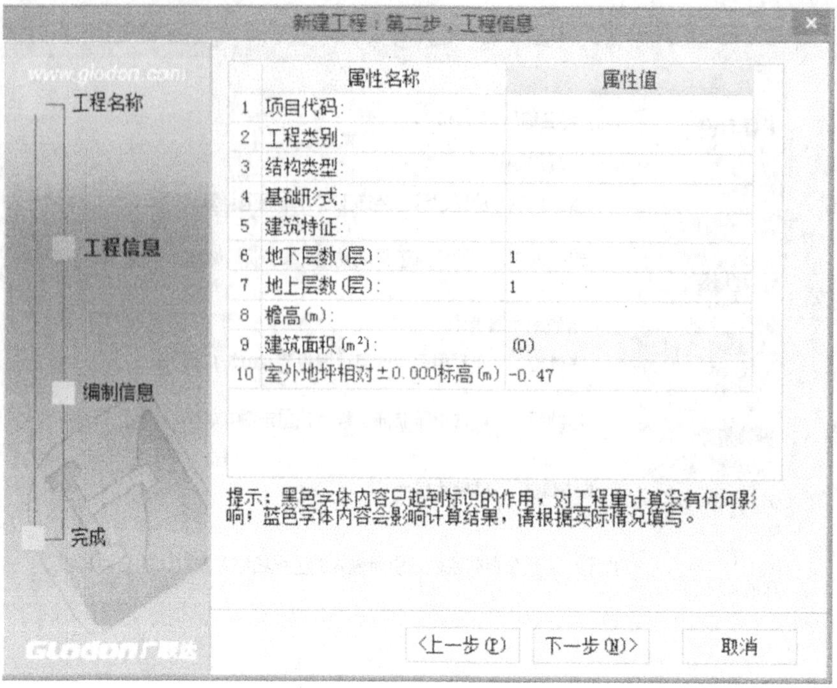

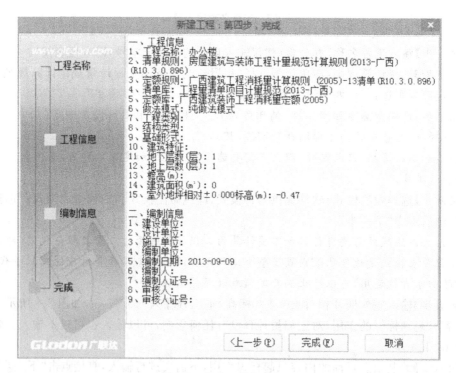

图 5-4 工程信息输入窗口

图 5-5 新建工程完成窗口

5.3 导入钢筋工程

5.3.1 具体步骤

【第一步】点击菜单栏"文件",选择导入钢筋(GGJ)工程,如图 5-6 所示。

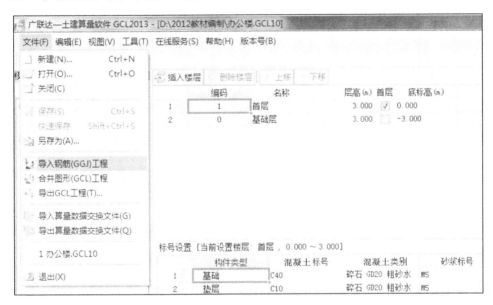

图 5-6 文件菜单栏

【第二步】选择钢筋 GGJ2013 文件,当前工程与导入工程的楼层编码、楼层层高必须一致。当层高不一致时,会给出如图 5-7 所示的提示信息。

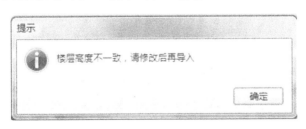

图 5-7 导入 GGJ 数据提示窗口

【第三步】点击确定后,会弹出"层高对比"对话框,一般选择"按钢筋层高导入",则会弹出"导入钢筋文件"对话框,如图 5-8 所示。

【第四步】选择要导入的楼层,以及要导入的构件;在构件列表中,我们可以选择导入后构件的类型,如图 5-9 所示为暗柱类型选择。

【第五步】点击确定,则所选择的楼层和构件按照相应的原则导入到 GCL2013 软件中。最后切换到绘图输入界面即可看到从钢筋工程中导入的构件。

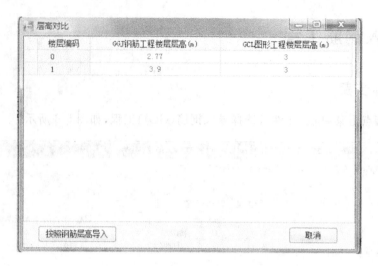

图 5-8　GGJ 和 GCL 层高对比窗口

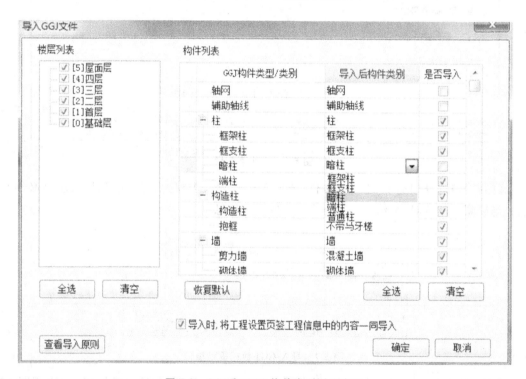

图 5-9　GGJ 和 GCL 构件类别对比窗口

5.3.2　导入原则

1. 楼层导入原则

① 以导入工程的楼层划分为准,将导入工程中对应楼层号的楼层构件及构件图元导入至当前工程对应的楼层中。若当前工程楼层数目小于导入工程的楼层数目时,按导入工程的楼层数自动建立当前工程缺少的楼层。跨层构件按照图元所在的楼层导入。

② 当前工程与导入工程的楼层编码、楼层层高必须一致,不一致会给出提示进行调整,可以按钢筋层高导入。

③ 标准层导入,标准层数转换为相同层数。

2. 标高导入原则

① 导入图形后首层标高取导入工程信息中的"首层结构标高"的信息值,如:钢筋工程中"首层地面结构标高(m)"为－0.03,则导入到 GCL2013 中,首层底标高为－0.03。

② 所有导入的构件和图元的标高均以表达式表示。即层顶或层底,层顶(底)±数值。

说明:这里包括钢筋工程中构件图元标高默认情况;也包括标高不默认、手动修改的情况。

3. 构件导入原则

① 构件属性导入原则有如下两种情况。

情况一:若当前工程对应的构件属性与导入工程中对应的构件属性及属性值均相同,则取导入工程的;若属性相同,而属性值不同,则属性取导入工程的,属性值取当前工程的构件属性默认值。

情况二:若当前工程对应的构件属性与导入工程对应的构件属性不同,则取当前工程对应的构件属性,属性值取当前工程的构件属性默认值。

② 当工程模式为量表模式,若构件对应的有默认量表,则导入构件均自动取默认量表。

4. 图元导入原则

① 线性构件折线形图元导入后自动在折线处打断;高度不同的墙图元,在相交处打断;变截面梁在变截面处自动打断,并自动反建构件,图元名称为"原名称-序号"。

② 附属构件图元需要共同导入,否则附属图元不予导入。如:门窗洞附属在墙图元上,若只导入门窗洞,而未导入墙图元,则门窗洞不予导入。

③ 当前工程已有构件图元时,若再次导入钢筋工程对应楼层的构件图元,则软件给出如图 5-10 所示的提示,选择"是"则删除同类型构件图元后导入,选择"否"则保留原位置图元,同时导入。

图 5-10　GGJ 导入 GCL 是否删除同类型构件图元提示

5.4　楼层设置

导入钢筋工程后,当前工程的楼层信息会默认钢筋的楼层信息,只需要修改首层底标高和基础层层高即可,因为一般结构标高和建筑标高有一定的差值。

5.5　计算设置与计算规则

算量软件中影响计算结果的主要有两个方面的内容:一个是构件自身的计算方式,比如通常所说的按照实体积计算还是按照规则计算;另一个是构件相互之间的扣减关系。针对以上两个方面,GCL2013 都做了优化,在计算设置中可以修改构件自身的计算方式。计算规则中列出了各种构件的扣减方法,可以进行修改。有些情况下某些构件的计算规则是有争议的,规则放开后进行调整或修改就很方便。另一方面计算规则放开后也有利于更好地理解软件的计算。

第6章　建筑部分套取清单和定额

6.1　墙

6.1.1　属性定义

墙体分为混凝土墙、砌体墙、间壁墙、填充墙、挡土墙、虚墙、电梯井壁七种类别。选择不同类别的软件，计算的扣减关系会不一样。主要分为以下几类。

间壁墙只能作为内墙。计算间壁墙时，高度自动算至梁底或板底。间壁墙与其他墙体的区别在于，它与地面抹灰、块料等处的扣减关系。间壁墙对房间中的地面装修工程量应有影响，地面装修工程量应算至间壁墙中心线。

虚墙：不参与其他构件的扣减，本身也不计算工程量。主要用于分割和封闭空间。

填充墙：实际施工中会在墙上预留墙洞，便于运输材料等，在施工完成后需要将墙洞用填充墙封上。

按实际工程情况选择对应的材质（如办公楼，类别为砌体墙，材质为标准砖）。另外，导入钢筋文件后，软件会自动区分内外墙，可以切换到绘图界面输入查看。

说明：区分内外墙后，可以在绘制内外墙装修图的时候快速地进行布置。

6.1.2　套取清单和定额

定义完属性后，鼠标左键选择构件（240 内墙），然后在右边选择"构件做法"页面，点击"添加清单"。可以直接在编码处输入清单编码，也可以直接在匹配清单栏中直接双击需要套取的清单（匹配功能是软件针对不同类型的构件将可能涉及的清单放到相应的匹配栏中，方便直接查找）。匹配还分为"按构件类型过滤"和"按构件属性过滤"两种，如图 6-1 所示。

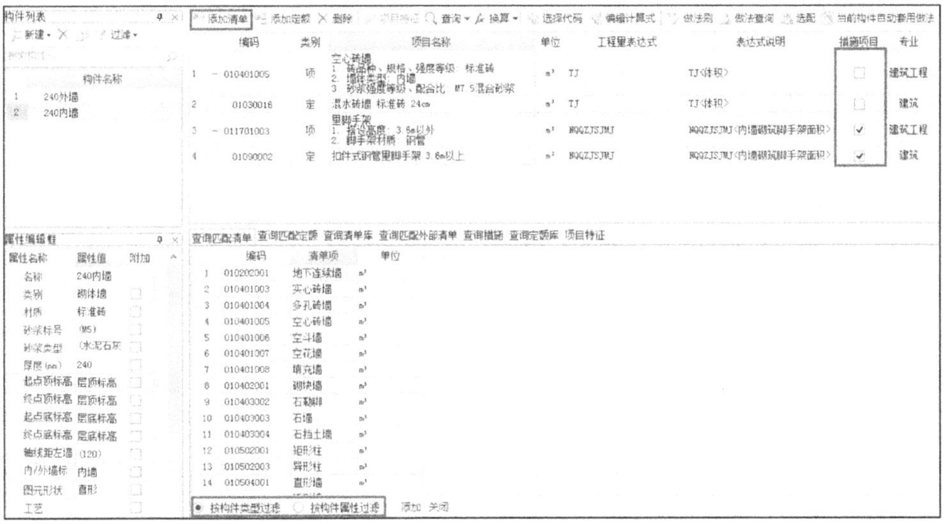

图 6-1　做法套取界面

　　根据办公楼建筑总说明,直接在匹配清单或清单库中双击需要套取的清单,同时在每条清单下套取相应的定额;在措施项目列表中勾选脚手架的清单及定额,区别了措施项目后,在报表中预览软件会自动区分实体项目及措施项目的报表。

6.1.3　工程量表达式和工程量代码

　　套取了清单和定额后,需要在"工程量表达式"中选择对应的工程量代码,一般软件会自动默认(如刚套取的清单实心砖墙和定额混水砖墙,默认的工程量代码均为体积)。工程量代码的意义在于汇总计算后,在报表的汇总结果中,软件是按照所选择的工程量代码进行汇总工程量的。如果需要更改清单和定额的工程量代码,可以点击插入修改,操作步骤如下。

　　【第一步】鼠标点击到清单或者定额的"工程量表达式"一列,点击插入符号。

　　【第二步】弹出"选择工程量代码"对话框后,在工程量代码一列中直接双击需要选取的工程量代码,如图 6-2 所示。

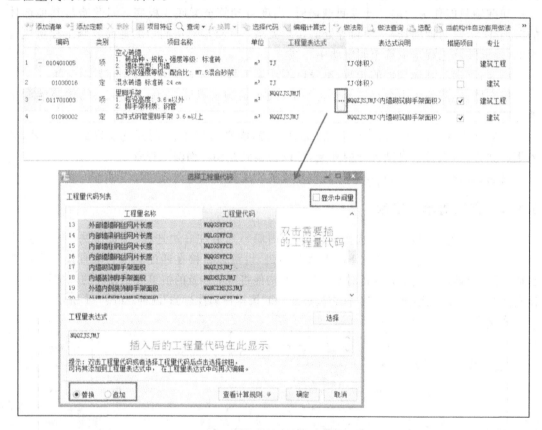

图 6-2　选择工程量代码窗口

　　【第三步】在工程量表达式中,确认选取的工程量代码后,点击"确定"。

　　说明:在"选择工程量代码"对话框中,还有以下相应的功能键。

　　查看计算规则:点击打开后,鼠标点击到相应的工程量代码,会给出此工程量代码的计算规则及计算时的扣减关系。

　　显示中间量:勾选了显示中间量,软件会在工程量代码的列表中显示出大量的中间量代码,如一些中间量的扣减关系,可以提供选择。

替换/追加:选择追加后,可以选择多个工程量代码进行累加计算工程量。

另外,"工程量表达式"不一定要使用工程量代码,也可以用公式代替,并可以进行四则运算。软件还提供参数图元公式和图形计算公式两种计算方法。

6.1.4 做法刷

把当前构件套用清单和定额做法全部或部分复制到其他构件,并且可以复制到不同的楼层,如构件(烧结多孔砖),套取完清单和定额后,可以把这个过程的做法复制到其他构件,操作步骤如下。

【第一步】选择构件(240内墙)套取的清单和定额,如图 6-3 所示,点击【做法刷】按钮。

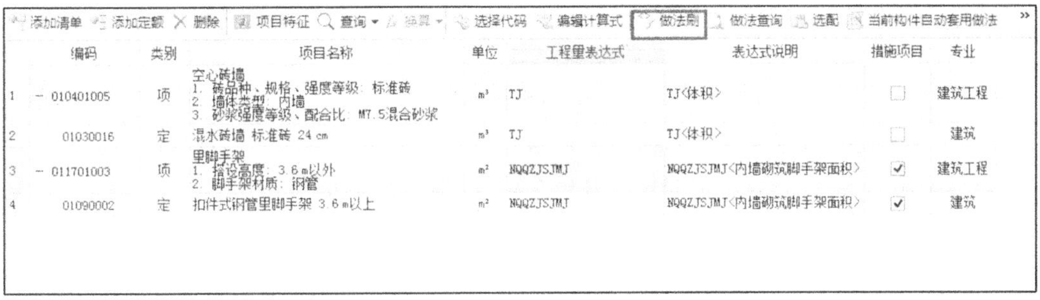

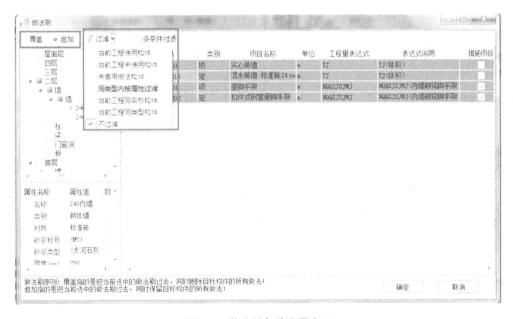

图 6-3 做法刷工具栏

【第二步】弹出"做法刷"对话框后,如图 6-4 所示,在目标构件列表中选择需要进行做法复制的构件,并可以选择不同楼层的构件。

图 6-4 做法刷条件设置窗口

【第三步】勾选需要复制做法的构件后,在做法预览区会提示相应的清单和定额,确认无误后,点击确定。

说明:做法预览区默认显示目标构件列表中焦点处构件的所有做法。勾选后,新增做法行及覆盖做法行均高亮显示;取消勾选后,还可以恢复到以前的显示。另外,做法刷还提供覆盖、追加、过滤、多条件过滤功能。覆盖指的是把当前选中的做法刷过去,同时删除目标构件的所有做法,追加指的是把当前选中的做法刷过去,同时保留目标构件的所有做法;过滤指的是能快速地把本楼层或者其他楼层需要套用相同做法的构件筛选出来。

6.1.5　选配

从其他构件中复制做法到当前构件,如构件(240 内墙)已经套取完清单和定额,构件(240 外墙)需要套取相同或者部分相同的清单和定额,可以利用选配功能,操作步骤如下。

【第一步】点击构件(240 外墙),点击【选配】按钮,如图 6-5 所示。

图 6-5　选配工具栏

【第二步】弹出"选配做法"对话框后,从目标构件列表中选择需要进行提取做法的构件,并可以选择不同楼层的构件,但只能选择一个构件,如图 6-6 所示。

图 6-6　选配做法窗口

【第三步】在做法预览区选择需要选取的清单和定额,点击确定。

说明:选取清单和定额做法时,可以使用 Shift+左键或 Ctrl+左键进行多行选择。

6.2　柱

6.2.1　框架柱

套取清单和定额,并选择工程量代码,如图 6-7 所示。

图 6-7 框架柱做法表

6.2.2 构造柱

套取清单和定额,并选择工程量代码,如图 6-8 所示。

图 6-8 构造柱做法表

6.3 梁

套取清单和定额,并选择工程量代码,如图 6-9 所示。

图 6-9 有梁板的梁做法表

6.4 板

套取清单和定额,并选择工程量代码,如图 6-10 所示。

图 6-10　有梁板的板做法表

6.5　基础

6.5.1　独立基础

套取清单和定额,并选择工程量代码,如图 6-11 所示。

图 6-11　独立基础做法表

说明:基础的清单和定额必须在基础单元中套取,因为所有的截面尺寸信息都在基础单元中。如果在总名称中套取清单和定额,会无法计算出工程量。

6.5.2　基础梁

套取清单和定额,并选择工程量代码,如图 6-12 所示。

图 6-12　基础梁做法表

6.6　过梁

套取清单和定额,并选择工程量代码,如图 6-13 所示。

添加清单　添加定额　删除　项目特征　查询　换算　选择代码　编辑计算式　做法刷　做法查询　选配　当前构件自动套用做法

	编码	类别	项目名称	单位	工程量表达式	表达式说明	措施项目	专业
1	− 010503005	项	过梁 1. 混凝土种类：砾石、商品混凝土 2. 混凝土强度等级：C25	m^3	TJ	TJ<体积>	□	建筑工程
2	01040029	定	混凝土 过梁(砾石)	m^3	TJ	TJ<体积>	□	建筑
3	− 011702009	项	过梁 1. 模板材质：胶合模板 2. 模板支撑材质：钢支撑	m^2	MBMJ	MBMJ<模板面积>	√	建筑工程
4	01110076	定	过梁 胶合板模板 木支撑	m^2	MBMJ	MBMJ<模板面积>	√	建筑

图 6-13　过梁做法表

第7章　装修定义及绘制

装修共分为七部分，即楼地面、踢脚、墙裙、墙面、天棚、吊顶和独立柱装修。绘制时每个构件均可以单独绘制，但一般利用依附构件功能，把上述七部分装修内容有选择性地依附到房间内进行统一布置，可以快速提高绘图效率。

7.1　楼地面定义

新建楼地面，名称为"地面1"，块料厚度为0，套取清单和定额，并选择工程量代码，如图7-1所示。

	编码	类别	项目名称	单位	工程量表达式	表达式说明	措施项目	专业
1	− 011102003	项	防滑地砖地面(尺寸400*400) 1. 8-10厚防滑地砖铺实拍平，白色素水泥擦缝 水泥浆结合层一道 2. 20厚1：4干硬性水泥砂浆找平，面上撒素水泥 3. 素水泥浆结合层一道 4. 80厚C15混凝土 5. 素土夯实	m²	KLDMJ	KLDMJ<块料地面积>	□	建筑工程
2	02010098	定	陶瓷地砖楼地面 每块周长(mm以内) 1600 水泥砂浆	m²	KLDMJ	KLDMJ<块料地面积>	□	装饰
3	01040007	定	混凝土垫层(砾石)	m³	DMJ*0.08	DMJ<地面积>*0.08	□	建筑
4	01010101	定	人工原土打夯	m²	DMJ	DMJ<地面积>	□	建筑

图 7-1　地面 1 做法表

说明：项目名称可以直接修改，例如直接把清单名称改为防滑地砖地面。另外，混凝土垫层定额工程量的单位是计算体积，但楼地面的工程量代码中只有计算面积的代码。因为设计说明中指出做地面1混凝土垫层的厚度为80厚混凝土，那么可以直接使用工程量代码×厚度(即 DMJ×0.08)来求出混凝土垫层体积的工程量。特别指出工程量表达式是可以进行四则运算的，但是尽量少用加号或减号的运算方式。

新建楼地面，名称为"地面2"，块料厚度为0，套取清单和定额，并选择工程量代码，如图7-2所示。

	编码	类别	项目名称	单位	工程量表达式	表达式说明	措施项目	专业
1	− 011102003	项	防滑地砖楼地面(尺寸400*400) 1. 2.5厚石塑防滑地砖、建筑胶黏剂粘铺，素水泥浆碱擦缝 2. 素水泥浆一道(内掺建筑胶) 3. 30厚C15细石混凝土随打随抹 4. 3厚高聚物改性沥青涂膜防水层，四周往上卷 5. 平均35厚C15细石混凝土找坡层 6. 150厚3：7灰土夯实 7. 素土夯实 压实系数0.95	m²	KLDMJ	KLDMJ<块料地面积>	□	建筑工程
2	02010098	定	陶瓷地砖楼地面 每块周长(mm以内) 1600 水泥砂浆	m²	KLDMJ	KLDMJ<块料地面积>	□	装饰
3	02010020	定	细石混凝土找平层 30mm	m²	DMJ	DMJ<地面积>	□	装饰
4	01070149	定	聚氨酯防水二遍 2mm厚	m²	SPFSMJ	SPFSMJ<水平防水面积>	□	建筑
5	02010020	定	细石混凝土找平层 30mm	m²	DMJ	DMJ<地面积>	□	装饰
6	02010002	定	灰土 垫层	m³	DMJ*0.15	DMJ<地面积>*0.15	□	装饰
7	01010101	定	人工原土打夯	m²	DMJ	DMJ<地面积>	□	建筑

图 7-2　地面 2 做法表

说明:由于地面 2 聚氨酯防水层需要上反 150,所以在选择工程量代码时,需要选择水平防水面积代码,同时需要在构件属性中,是否计算防水处选择"是",构件绘制完毕之后,在工具条中使用【定义里面防水高度】→【设置所有边】,把地面 2 的反边设为 150 mm。

新建楼地面,名称为"地面 3",块料厚度为 0,套取清单和定额,并选择工程量代码,如图 7-3 所示。

添加清单　添加定额　✕ 删除　　项目特征　🔍 查询 ▾　ƒx 换算 ▾　　选择代码　✍ 编辑计算式　做法刷　做法查询　选配　提取做法

	编码	类别	项目名称	单位	工程量表达式	表达式说明	措施项目	专业
1	— 011102003	项	防骨地砖地面(尺寸400*400) 1. 2.5厚石塑防滑地砖、建筑胶黏剂粘铺,布水泥浆擦缝 2. 素水泥浆一道(内掺建筑胶) 3. 30厚C15细石混凝土随打随抹 4. 3厚高聚物改性沥青柔膜防水层,四周往上卷 5. 平均35厚C15细石混凝土找坡层 6. 150厚3:7灰土夯实 7. 素土夯实:压实系数0.95	m²	KLDMJ	KLDMJ〈块料地面积〉	☐	建筑工程
2	02010098	定	陶瓷地砖楼地面 每块周长(mm以内)1600 水泥砂浆	m²	KLDMJ	KLDMJ〈块料地面积〉	☐	装饰
3	01040007	定	混凝土垫层(砾石)	m²	DMJ*0.05	DMJ〈地面积〉*0.05	☐	建筑
4	02010012	定	砾(碎)石垫层 灌浆	m²	DMJ*0.15	DMJ〈地面积〉*0.15	☐	装饰
5	01010101	定	人工原土打夯	m²	DMJ	DMJ〈地面积〉	☐	建筑

图 7-3　地面 3 做法表

新建楼地面,名称为"楼面 1",块料厚度为 0,套取清单和定额,并选择工程量代码,如图 7-4 所示。

添加清单　添加定额　✕ 删除　　项目特征　🔍 查询 ▾　ƒx 换算 ▾　　选择代码　✍ 编辑计算式　做法刷　做法查询　选配　提取做法

	编码	类别	项目名称	单位	工程量表达式	表达式说明	措施项目	专业
1	— 011102003	项	地砖楼面(砖采用400X400) 1. 10厚高级地砖,稀水泥浆擦缝 2. 6厚建筑胶水泥砂浆黏结层 3. 素水泥浆一道(内掺建筑胶) 4. 20厚1:3水泥砂浆找平层 5. 钢筋混凝土楼板	m²	KLDMJ	KLDMJ〈块料地面积〉	☐	建筑工程
2	02010098	定	陶瓷地砖楼地面 每块周长(mm以内)1600 水泥砂浆	m²	KLDMJ	KLDMJ〈块料地面积〉	☐	装饰

图 7-4　楼面 1 做法表

新建楼地面,名称为"楼面 2",块料厚度为 0,套取清单和定额,并选择工程量代码,如图 7-5 所示。

添加清单　添加定额　✕ 删除　　项目特征　🔍 查询 ▾　ƒx 换算 ▾　　选择代码　✍ 编辑计算式　做法刷　做法查询　选配　提取做法

	编码	类别	项目名称	单位	工程量表达式	表达式说明	措施项目	专业
1	— 011102003	项	防骨地砖防水楼面(砖采用400X400) 1. 10厚高级地砖,稀水泥浆擦缝 2. 撒素水泥浆(洒适量清水) 3. 20厚1:2干硬性水泥砂浆黏结层 4. 1.5厚聚氨酯涂膜防水层靠墙处卷边150: 5. 20厚1:3水泥砂浆找平层,四周及竖管根部位抹小八字角 6. 素水泥浆一道 7. 平均厚35厚C15细石混凝土从门向地漏找1%坡 8. 现浇混凝土楼板	m²	KLDMJ	KLDMJ〈块料地面积〉	☐	建筑工程
2	02010098	定	陶瓷地砖楼地面 每块周长(mm以内)1600 水泥砂浆	m²	KLDMJ	KLDMJ〈块料地面积〉	☐	装饰
3	01070149 D1.5 换		聚氨酯防水二遍 2mm厚 实际厚度:1.5	m²	SPFSMJ	SPFSMJ〈水平防水面积〉	☐	建筑
4	02010017	定	水泥砂浆找平层 混凝土或硬基层上 20mm	m²	DMJ	DMJ〈地面积〉	☐	装饰
5	02010020 D35 换		细石混凝土找平层 30mm 实际厚度(mm):35	m²	DMJ	DMJ〈地面积〉	☐	装饰

图 7-5　楼面 2 做法表

新建楼地面,名称为"楼面 3",块料厚度为 0,套取清单和定额,并选择工程量代码,如图 7-6 所示。

图 7-6　楼面 3 做法表

7.2　踢脚定义

新建踢脚,名称为"踢脚 1",块料厚度为 10,高度为 100,套取清单和定额,并选择工程量代码,如图 7-7 所示。

图 7-7　踢脚 1 做法表

新建踢脚,名称为"踢脚 2",块料厚度为 15,高度为 100,套取清单和定额,并选择工程量代码,如图 7-8 所示。

图 7-8　踢脚 2 做法表

新建踢脚,名称为"踢脚 3",块料厚度为 0,高度为 100,套取清单和定额,并选择工程量代码,如图 7-9 所示。

图 7-9　踢脚 3 做法表

说明:踢脚工程量代码中踢脚抹灰面积和踢脚块料面积的区别是,踢脚块料面积＝踢脚抹灰面积＋门窗侧壁面积。门窗侧壁面积跟门窗的框厚及门窗的立樘距离有关。

7.3　墙裙

新建内墙裙,名称为"墙裙 1",块料厚度为 10,高度为 1200,套取清单和定额,并选择工程量代码,如图 7-10 所示。

图 7-10　墙裙 1 做法表

说明:墙裙工程量代码中墙裙抹灰面积和墙裙块料面积的区别是,墙裙块料面积＝墙裙抹灰面积＋门窗侧壁面积。门窗侧壁面积跟门窗的框厚及门窗的立榫距离有关。另外,当房间装修存在踢脚时,墙裙抹灰面积高度从地面算起,不扣除踢脚高度,因墙裙块料面积高度会扣除踢脚高度。

7.4　墙面

新建内墙面,名称为"内墙面 1",块料厚度为 0,套取清单和定额,并选择工程量代码,如图 7-11 所示。

图 7-11　内墙面 1 做法表

说明:墙面工程量代码中墙面抹灰面积和墙面块料面积的区别是,墙面块料面积＝墙面抹灰面积＋门窗侧壁面积。门窗侧壁面积跟门窗的框厚及门窗的立榫距离有关。另外,当房间装修存在踢脚无墙裙时,墙面抹灰面积高度是从地面算起,不扣除踢脚高度,因墙面块料面积高度会扣除踢脚高度。当房间装修存在墙裙时,墙面抹灰面积和墙面块料面积高度均从墙裙算起。

新建内墙面,名称为"内墙面 2",块料厚度为 5,套取清单和定额,并选择工程量代码,如图 7-12 所示。

图 7-12　内墙面 2 做法表

说明:在墙裙及墙面定义的属性编辑框中,有一项是所附墙材质。一般默认为空,因绘制到墙体后会根据所依附的墙自动变化,所以不用手工调整。但是当一个房间内同时存在两种及两种以上不同材质的墙体,并且所做的装修做法不一样时(如一个房间内同时存在混凝土墙和砖墙，装修做法同样是采用混合砂浆墙面，但是套取定额时不同的材质需要分开套取)，就需要在定义构件时，选择所附墙材质。选择所附墙材质后，在房间内同时采用上两种装修做法，软件会自动按照不同的墙材质绘制不同的装修做法。但这个前提是在定义及绘制墙体构件的时候，需要选择正确的墙材质。

7.5 天棚

新建天棚，名称为“天棚 1”，套取清单和定额，并选择工程量代码，如图 7-13 所示。

添加清单 添加定额 删除 项目特征 查询 换算 选择代码 编辑计算式 做法刷 做法查询 选配 提取做法

	编码	类别	项目名称	单位	工程量表达式	表达式说明	措施项目	专业
1	− 011301001	项	抹灰天棚 1. 喷水性耐擦洗涂料; 2. 3厚1:2.5水泥砂浆找平; 3. 5厚1:3水泥砂浆打底扫毛或划出纹道; 4. 素水泥浆一道甩毛（内掺建筑胶）;	m^2	TPMHMJ	TPMHMJ<天棚抹灰面积>	☐	建筑工程
2	02030007	定	混凝土面天棚 水泥砂浆 现浇	m^2	TPMHMJ	TPMHMJ<天棚抹灰面积>	☐	装饰

图 7-13 天棚 1 做法表

说明：天棚工程量代码中天棚抹灰面积和天棚装饰面积的区别是，天棚抹灰面积＝天棚装饰面积＋下空梁两侧面积。另外，满堂脚手架在天棚里套取。

7.6 吊顶

新建吊顶，名称为“吊顶 1”，离地高度 3200，套取清单和定额，并选择工程量代码，如图 7-14 所示。

添加清单 添加定额 删除 项目特征 查询 换算 选择代码 编辑计算式 做法刷 做法查询 选配 提取做法

	编码	类别	项目名称	单位	工程量表达式	表达式说明	措施项目	专业
1	− 011302001	项	铝合金条板吊顶：燃烧性能为A级 1. 1.0厚铝合金条板，离缝安装带插缝板; 2. U型轻钢次龙骨LB45×48，中距≤1500; 3. U型轻钢主龙骨LB38×12，中距≤1500与钢筋吊杆固定; 4. φ6钢筋吊顶，中距横向≤1500纵向≤1200; 5. 现浇混凝土板底预留φ10钢筋吊环，双向中距≤1500;	m^2	DDMJ	DDMJ<吊顶面积>	☐	建筑工程
2	02030031	定	装配式U型轻钢天棚龙骨(不上人型) 面层规格(mm) 600×600以上 平面	m^2	DDMJ	DDMJ<吊顶面积>	☐	装饰
3	02030107	定	天棚铝板面层 1200×300	m^2	DDMJ	DDMJ<吊顶面积>	☐	装饰

图 7-14 吊顶 1 做法表

新建吊顶，名称为“吊顶 2”，离地高度 3300，套取清单和定额，并选择工程量代码，如图 7-15 所示。

添加清单 添加定额 删除 项目特征 查询 换算 选择代码 编辑计算式 做法刷 做法查询 选配 提取做法

	编码	类别	项目名称	单位	工程量表达式	表达式说明	措施项目	专业
1	− 011302001	项	岩棉吸音板吊顶：燃烧性能为A级 1. 12厚岩棉吸声板面层，规格592×592; 2. T型轻钢次龙骨TB24×28，中距600; 3. T型轻钢次龙骨TB24×38，中距600，找平后与钢筋吊杆固定。 4. φ8钢筋吊顶，双向中距≤1200。 5. 现浇混凝土底预留φ10钢筋吊环，双向中距≤1200;	m^2	DDMJ	DDMJ<吊顶面积>	☐	建筑工程
2	02030045	定	装配式T型铝合金天棚龙骨(不上人型) 面层规格(mm) 600×600 平面	m^2	DDMJ	DDMJ<吊顶面积>	☐	装饰
3	02030093	定	天棚矿棉板面层 搁放在龙骨上	m^2	DDMJ	DDMJ<吊顶面积>	☐	装饰

图 7-15 吊顶 2 做法表

说明:当房间存在吊顶时,墙面抹灰面积计算高度是到吊顶底+100,墙面块料面积计算高度是到吊顶底。

7.7 独立柱装修

分析办公楼建施-02,首层平面图楼梯间存在独立柱 TZ1。新建独立柱装修,名称可按软件默认 DLZZX-1,套取清单和定额,并选择工程量代码,如图 7-16 所示。

图 7-16 独立柱装修做法表

7.8 房间

室内装修的绘制方法,一般采用依附构件功能,把不同的装修内容分别依附到相应的房间,然后进行统一绘制。以绘制办公楼首层为例,操作步骤如下。

【第一步】在"导航栏"选择"房间"构件类型,点击工具栏【定义】按钮,进入房间属性定义界面。

【第二步】点击构件列表新建房间,名称为大厅,整体界面如图 7-17 所示。

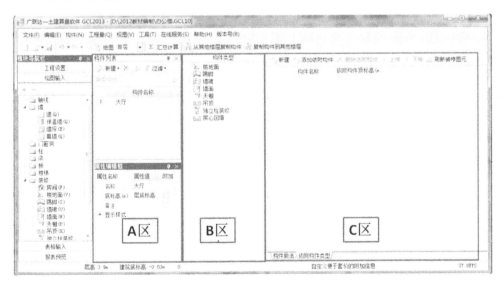

图 7-17 房间构件定义界面

分区说明如下。

A 区:显示主构件名称及属性信息。

B 区:显示可以依附在主构件上的构件类型及构件名称。

C 区:显示依附构件的名称及属性信息,也可以新建或者添加依附构件。

【第三步】选择主构件大厅(A区),在依附构件类型列表(B区)中选择相应的依附构件类型,点击【添加依附构件】按钮(C区),添加要依附的构件名称(软件默认将建立一个对应的依附构件)。例如:首层大厅由<楼地面-地面1>、<墙裙-墙裙1>、<墙面-内墙面1>、<吊顶-吊顶1>组成,在依附构件类型列表(B区)中选择"楼地面",然后点击【添加依附构件】按钮(C区),软件自动增加一构件行<地面1>(软件会默认在楼地面上第一个新建的构件),再在依附构件类型列表(B区)中选择"墙裙",点击【添加依附构件】按钮(C区),软件自动增加一构件行<墙裙1>。按此方法依次完成墙面、吊顶的添加。

【第四步】在依附构件类型列表(B区)中选择相应的构件,然后在构件名称列表(C区)中点击下拉框,选择该房间对应的装修做法,如图7-18所示。

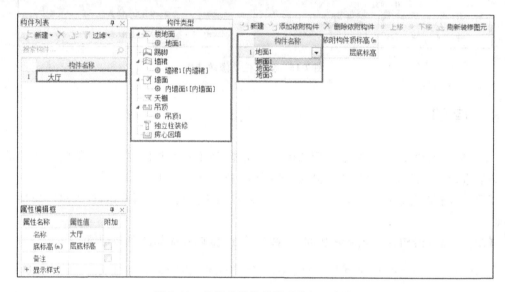

图7-18　房间依附构件类型选择示意图

【第五步】通过上述操作,建立了房间与楼地面、踢脚、墙裙、墙面、天棚间的依附关系。点击工具栏【绘图】按钮,切换到绘图界面,采用画点方法绘制房间,那么可一次性将房间中的楼地面、踢脚、墙裙、墙面、天棚全部都绘制上去,提高了绘图效率。

说明:办公楼首层平面图中楼梯间、大厅、走廊需要画出虚墙分割。

第 8 章　室外构件定义及绘制

8.1　外墙面

8.1.1　外墙面定义

1. 外墙 1(干挂大理石)

分析办公楼图纸,外墙 1(干挂大理石)到首层地面标高为 1030 mm,到室外地坪标高为 1500 mm。

新建外墙面,名称为“外墙 1”。块料厚度 10 mm,起点顶标高 1.03 m,终点顶标高 1.03 m,套取清单和定额,并选择工程量代码,如图 8-1 所示。

添加清单 添加定额 删除 项目特征 查询 换算 选择代码 编辑计算式 做法刷 做法查询 选配 提取做法

	编码	类别	项目名称	单位	工程量表达式	表达式说明	措施项目	专业
1	− 011204001	项	干挂石材墙面 1. 竖向龙骨间整个墙面用聚合物砂浆粘贴35厚聚苯保温板; 2. 聚苯板与角钢竖龙骨交接处严贴不得有缝隙,粘贴面积20%; 3. 聚苯板离墙10,形成10厚空气层。聚苯保温板密度≥18kg/m3; 4. 墙面;	m^2	QMKLMJ	QMKLMJ<墙面块料面积>	☐	建筑工程
2	02020100	定	干挂大理石 墙面 勾缝	m^2	QMKLMJ	QMKLMJ<墙面块料面积>	☐	装饰
3	02020216	定	型钢龙骨 中距(mm) 单向1500	m^2	QMKLMJ	QMKLMJ<墙面块料面积>	☐	装饰
4	01080250	定	墙体保温 聚苯乙烯泡沫板 附墙铺贴	m^3	QMKLMJ*0.035	QMKLMJ<墙面块料面积>*0.035	☐	建筑

图 8-1　外墙 1 做法表

2. 外墙 2(面砖外墙)

新建外墙面,名称为“外墙 2”。块料厚度 10 mm,起点底标高 1.03 m,终点底标高 1.03 m,套取清单和定额,并选择工程量代码,如图 8-2 所示。

添加清单 添加定额 删除 项目特征 查询 换算 选择代码 编辑计算式 做法刷 做法查询 选配 提取做法

	编码	类别	项目名称	单位	工程量表达式	表达式说明	措施项目	专业
1	− 011204003	项	面砖外墙(周长600以内,缝宽5mm内) 1. 10厚面砖,在砖粘贴面上随粘刷一遍YJ-302; 2. 混凝土界面处理剂,1:1水泥砂浆勾缝; 3. 6厚1:0.2:2.5水泥石灰膏砂浆(内掺建筑胶); 4. 刷素水泥浆一道(内掺水重5%的建筑胶); 5. 刷一道YJ-302型混凝土界面处理剂;	m^2	QMKLMJ	QMKLMJ<墙面块料面积>	☐	建筑工程
2	02020164	定	面砖(周长600mm以内)水泥砂浆粘贴 墙面、墙裙 缝宽5mm内	m^2	QMKLMJ	QMKLMJ<墙面块料面积>	☐	装饰

图 8-2　外墙 2 做法表

8.1.2　外墙面绘制

绘制外墙装修一般都是直接绘制,方法有画点和画两点,更多的时候是采用智能布置,即按墙材质或外墙外边线布置。以绘制办公楼首层外墙装修为例,操作步骤如下。

在构件列表中选择外墙 1,点击工具栏中【智能布置】按钮,选择按外墙外边线布置即可。

说明:采用外墙外边线布置墙面,外墙必须封闭才可使用。

8.2 屋面

8.2.1 屋面定义

切换至屋面层,新建屋面,名称为"屋面1"。顶标高修改为层底标高即可,套取清单和定额,并选择工程量代码,如图8-3所示。

	编码	类别	项目名称	单位	工程量表达式	表达式说明	措施项目	专业
1	— 010902001	项	屋面 1. 35厚490*490,C20预制钢筋混凝土板(A4钢筋双向中距150),1:2水泥砂浆擦缝 2. M5水泥砂浆砌砖侧砌中砖卷砖90*135,双向中距500; 3. 一层1.2厚SBC乙(丙)烯复合防水卷材用专业胶粘剂配置水泥胶粘接,四周卷边250mm 4. 15厚1:3水泥砂浆找平层 5. 干铺150厚加气混凝土砌块 6. 钢筋混凝土屋板,表面清洁干净	m²	FSMJ	FSMJ〈防水面积〉	☐	建筑工程
2	01080225	定	屋面混凝土隔热板铺设 板式架空 侧砌中砖卷砖 90×135	m²	MJ-ZC*0.25-0.25*0.25*4	MJ〈面积〉-ZC〈周长〉*0.25-0.25*0.25*4	☐	建筑
3	01070075	定	SBC120复合卷材冷贴满铺	m²	FSMJ	FSMJ〈防水面积〉	☐	建筑
4	02010018	定	水泥砂浆找平层 在填充材料上 20mm	m²	MJ	MJ〈面积〉	☐	装饰
5	02010009	定	碎砖垫层 干铺	m²	MJ*0.15	MJ〈面积〉*0.15	☐	装饰
6	01070101	定	防水砂浆2cm厚	m²	JBMJ	JBMJ〈卷边面积〉	☐	建筑

图8-3 屋面1做法表

说明:屋面工程量代码中面积、防水面积、卷边面积的区别是,防水面积=面积+卷边面积。

8.2.2 屋面绘制

屋面一般直接利用画点方法绘制即可,软件会自动按照墙所封闭的区域布置上屋面,并且能自动捕捉墙内边线布置。画点绘制上屋面后,需要定义屋面卷边(即屋面立面上翻的防水面积)。定义屋面卷边的方法有设置所有边和设置多边两种。

1. 设置所有边

【第一步】绘制完屋面后,点击工具栏【定义屋面卷边】按钮,下拉选择"设置所有边"。

【第二步】按鼠标左键点选或拉框选择需要定义卷边的屋面图元,选择完后右键确认。

【第三步】弹出"输入屋面卷边高度"对话框后,输入具体的上翻高度,如图8-4所示,点击"确定"即可。

图8-4 屋面卷边高度输入窗口

2. 设置多边

【第一步】绘制完屋面后,点击工具栏【定义屋面卷边】按钮,下拉选择"设置多边"。

【第二步】在绘图区域点选需要定义卷边的屋面边线(被选择的屋面边线会高亮显示),

点击鼠标右键确认选择。

【第三步】弹出"输入屋面卷边高度"对话框后,输入具体的上翻高度,点击"确定"即可。

8.3　散水

8.3.1　散水定义

切换至首层,新建散水,名称为"散水",材质为现浇混凝土,套取清单和定额,并选择工程量代码,如图 8-5 所示。

	编码	类别	项目名称	单位	工程量表达式	表达式说明	措施项目	专业
1	- 010507001	项	散水、坡道 1.参考图集:散水明沟98ZJ901(3/6),改版为A型改版	m²	MJ	MJ<面积>	☐	建筑工程
2	01040054 D7 0	换	散水:混凝土60 mm厚 水泥砂浆面20 mm (砾石) 实际厚度:70	m²	MJ	MJ<面积>	☐	建筑
3	- 011702029	项	散水、坡道 1.参考图集:散水明沟98ZJ901(3/6),改版为A型改版 2.模板类型:木模板 3.支撑模板材质:木支撑	m²	MBMJ	MBMJ<模板面积>	☑	建筑工程
4	01110126 D7 0	换	混凝土散水:混凝土60 mm厚 木模板木 支撑 实际厚度:70	m²	MBMJ	MBMJ<模板面积>	☑	建筑

图 8-5　散水做法表

说明:散水工程量代码中面积的工程量计算会扣除台阶的面积。

8.3.2　散水绘制

散水一般直接采用智能布置,按外墙外边线布置即可,操作步骤如下。

【第一步】在构件列表中选择散水,点击工具栏中【智能布置】按钮,选择按"外墙外边线"布置。

【第二步】弹出"输入散水宽度"对话框后,输入具体的散水宽度,如图 8-6 所示,点击"确定"即可,软件会自动按照室外地坪标高布置散水。

请输入散水宽度

请输入散水宽度(mm) 1200

确定　取消

图 8-6　散水宽度输入窗口

说明:办公楼散水 D 轴以上部分宽度为 1000 mm,智能布置完毕后,可以选择散水图元,点击快速偏移点进行偏移。

8.4 台阶

8.4.1 台阶定义

切换至首层,新建台阶,名称为"台阶",材质为现浇混凝土,顶标高为 -0.02,台阶高度为 450,台阶个数 3,套取清单和定额,并选择工程量代码,如图 8-7 所示。

	编码	类别	项目名称	单位	工程量表达式	表达式说明	措施项目	专业
1	— 010507004	项	台阶 1. 参考图集: 98ZJ901 (11/8) 2. 踏步高、宽: 150mm 3. 混凝土种类: 砾石、商品混凝土 4. 混凝土强度等级: C25	m³	MJ	MJ<台阶整体水平投影面积>	☐	建筑工程
2	01040053	定	混凝土 台阶(砾石)	m³	MJ	MJ<台阶整体水平投影面积>	☐	建筑
3	02010003	定	人工拌和三合土 垫层	m³			☐	装饰
4	— 011702027	项	1. 模板类型: 木模板 2. 支撑模板材质: 木支撑	m²	MJ	MJ<台阶整体水平投影面积>	☑	建筑工程
5	01110125	定	台阶 木模板木支撑	m²	MJ	MJ<台阶整体水平投影面积>	☑	建筑

图 8-7 台阶做法表

8.4.2 台阶绘制

台阶一般采用画直线或画矩形的方法绘制,绘制完台阶后还需要设置台阶的起始踏步边,操作步骤如下。

【第一步】绘制完台阶后,点击工具栏中【设置台阶踏步】按钮。

【第二步】选择台阶的起始踏步边(选择的台阶边线会高亮显示),选择完后点击鼠标右键确认选择。

【第三步】弹出"踏步宽度"对话框后,输入具体的宽度,如图 8-8 所示。

图 8-8 台阶踏步宽度输入窗口

说明:绘制办公楼台阶时可以结合"设置夹点"功能进行快速偏移绘制。

8.5 平整场地

8.5.1 平整场地定义

新建平整场地,名称为"平整场地",套取清单和定额,并选择工程量代码,如图 8-9 所示。

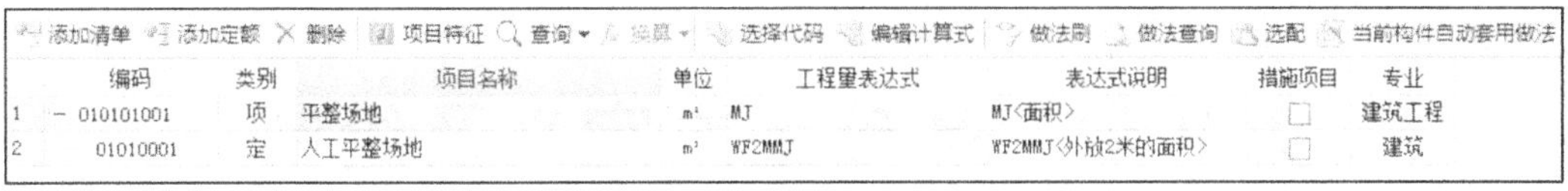

添加清单 添加定额 删除 项目特征 查询 换算 选择代码 编辑计算式 做法刷 做法查询 选配 当前构件自动套用做法

	编码	类别	项目名称	单位	工程量表达式	表达式说明	措施项目	专业
1	− 010101001	项	平整场地	m^2	MJ	MJ〈面积〉	□	建筑工程
2	01010001	定	人工平整场地	m^2	WF2MMJ	WF2MMJ〈外放2米的面积〉	□	建筑

图 8-9 平整场地做法表

说明：平整场地的工程量代码中外放2米面积，计算规则按实际绘制的面积外加出边2米的面积计算。

8.5.2 平整场地绘制

绘制方法：直接在建筑物围成的封闭区域内画点即可，软件会自动按照外墙外边线绘制。

说明：建筑面积的绘制方法与平整场地的绘制方法一样，也是直接在建筑物围成的封闭区域内画点即可。在GCL2013中，建筑面积按最新规范计算。另外，阳台、楼梯、雨蓬等构件的属性中均有建筑面积计算方式一项，可以选择全部计算、计算一半或不计算。建筑面积需要每层绘制，软件中每层建筑面积的计算方法是绘制的面积＋阳台＋楼梯＋雨蓬－天井所占面积。

第9章　基础土方定义及绘制

9.1　垫层

9.1.1　垫层定义

在导入钢筋工程后,基础是已经做好的,只需要补上基础垫层即可。垫层分为点式矩形垫层、线式矩形垫层、面式垫层、集水坑柱墩垫层、点式异形垫层、线式异形垫层,一般采用面式垫层或线式矩形垫层进行绘制。面式垫层的好处在于它能按照不同的基础底面积绘制出相应的垫层,能快速地布置完所有的基础,并且能默认不同的基础底标高。其中面式垫层一般适用于独立基础、桩承台、筏板基础三种类型的构件,线式矩形垫层适用于条形基础和梁构件。

分析办公楼图纸,在基础层需要布置垫层的构件有独立基础和梁,下面分别以面式垫层和线式垫层进行讲解。

切换至基础层,新建面式垫层,名称为独基垫层,材质为现浇混凝土,厚度为100,顶标高默认基础底标高。使用同样的方法建立一个线式垫层,名称为梁垫层,套取清单和定额,并选择工程量代码,如图 9-1 所示。

使用同样的方法建立一个线式垫层,名称为梁垫层,套取清单和定额,并选择工程量代码。

	编码	类别	项目名称	单位	工程量表达式	表达式说明	措施项目	专业
			垫层					
1	− 010501001	项	1. 混凝土种类: 砾石、商品混凝土 2. 混凝土强度等级: C15	m³	TJ	TJ<体积>	☐	建筑工程
2	01040007	定	混凝土垫层(砾石)	m³	TJ	TJ<体积>	☐	建筑
			基础					
3	− 011702001	项	1. 模板类型: 木模板 2. 支撑模板材质: 木支撑	m²	MBMJ	MBMJ<模板面积>	☑	建筑工程
4	01110001	定	混凝土基础垫层 木模板木支撑	m²	MBMJ	MBMJ<模板面积>	☑	建筑

图 9-1　垫层做法表

9.1.2　垫层绘制

下面以智能布置方法讲解绘制垫层的操作步骤。

【第一步】在构件列表中选择垫层,点击工具栏中【智能布置】按钮,选择按独立基础/梁中心布置。

【第二步】拉框选择所有的基础,选择完后,按鼠标右键确认选择。

【第三步】弹出"输入出边距离"对话框,输入出边距离为100,如图 9-2 所示,点击"确定"。

【第四步】确定后,所有的基础均按照基础的底面积及底标高布置了相应的垫层,利用

图 9-2　垫层出边距离输入窗口

"查看"三维检查是否布置正确。

9.2　土方

土方构件分为大开挖土方、基槽土方、基坑土方三种。可以直接新建土方构件然后进行绘制,但软件提供自动生成土方的方法,可以快速利用基础构件自动生成土方,操作步骤如下。

【第一步】点击"模块导航栏",选择"垫层",点击工具栏【自动生成土方】按钮。

【第二步】弹出"选择生成的土方类型"和"放坡位置"对话框后,选择土方类型为基坑土方,放坡位置为垫层顶点击确定,如图 9-3 所示。

图 9-3　土方自动生成类型选择窗口

【第三步】弹出"生成方式及相关属性"后,选择回填方式为手动方式(自动方式是默认选择所有的垫层,手动方式要自行选择需要生成土方的垫层),选择生成范围为基坑土方,并设置工作面宽及放坡系数,设置好后点击"确定",如图 9-4 所示。

【第四步】点击【批量选择】或者使用快捷键 F3,弹出批量选择窗口,勾选独基垫层,右键结束,软件提示生成土方构件的数量及生成图元的数量,自动生成完毕,利用"查看"三维检查是否布置正确。使用同样的方法生成基槽土方。

【第五步】若生成土方构件后需要修改,可以切换到土方构件定义中修改。

基坑土方套取清单和定额,并选择工程量代码,如图 9-5 所示。

基槽土方套取清单和定额,并选择工程量代码,如图 9-6 所示。

说明:基础构件也提供"自动生成土方"功能,基础构件自动生成的土方底标高默认基础底标高,并从基础构件增加工作面。在垫层构件自动生成的土方底标高默认垫层底标高,并从垫层构件增加工作面。

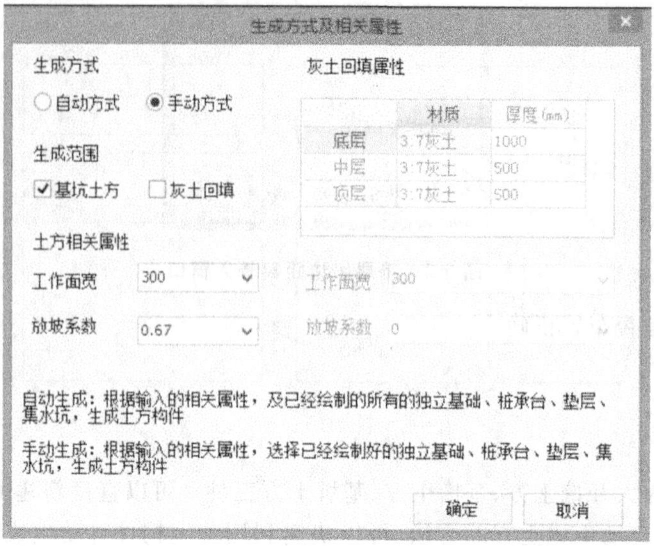

生成方式及相关属性

生成方式
○ 自动方式　● 手动方式

灰土回填属性

	材质	厚度(mm)
底层	3:7灰土	1000
中层	3:7灰土	500
顶层	3:7灰土	500

生成范围
☑ 基坑土方　□ 灰土回填

土方相关属性

工作面宽　300

放坡系数　0.67

工作面宽　300

放坡系数　0

自动生成：根据输入的相关属性，及已经绘制的所有的独立基础、桩承台、垫层、集水坑，生成土方构件

手动生成：根据输入的相关属性，选择已经绘制好的独立基础、桩承台、垫层、集水坑，生成土方构件

确定　　取消

图 9-4　土方生成方式选择及相关属性显示窗口

添加清单　添加定额　╳删除　项目特征　查询 ▼　换算 ▼　选择代码　编辑计算式　做法刷　做法查询　选配　当前构件自动套用做法

	编码	类别	项目名称	单位	工程量表达式	表达式说明	措施项目	专业
1	－ 010101004	项	挖基坑土方 1. 土壤类别：三类土 2. 挖土深度：4m内 3. 弃土运距：1km内	m³	TFTJ	TFTJ〈土方体积〉	□	建筑工程
2	01010019	定	人工挖基坑三类土 深度（4m以内）	m³	TFTJ	TFTJ〈土方体积〉	□	建筑
3	01010124	定	人工装、自卸汽车运土方 1km运距以内2t自卸汽车	m³	TFTJ-STHTTJ	TFTJ〈土方体积〉-STHTTJ〈素土回填体积〉	□	建筑
4	－ 010103001	项	回填方 1. 密实度要求：原土回填、压实系数0.95	m³	STHTTJ	STHTTJ〈素土回填体积〉	□	建筑工程
5	01010100	定	人工回填土 夯填	m³	STHTTJ	STHTTJ〈素土回填体积〉	□	建筑

图 9-5　基坑土方做法表

添加清单　添加定额　╳删除　项目特征　查询 ▼　换算 ▼　选择代码　编辑计算式　做法刷　做法查询　选配　当前构件自动套用做法

	编码	类别	项目名称	单位	工程量表达式	表达式说明	措施项目	专业
1	－ 010101003	项	挖沟槽土方 1. 土壤类别：三类土 2. 挖土深度：2m内 3. 弃土运距：1km内	m³	TFTJ	TFTJ〈土方体积〉	□	建筑工程
2	01010009	定	人工挖沟槽三类土 深度（2m以内）	m³	TFTJ	TFTJ〈土方体积〉	□	建筑
3	01010124	定	人工装、自卸汽车运土方 1km运距以内 2t自卸汽车	m³	TFTJ-STHTTJ	TFTJ〈土方体积〉-STHTTJ〈素土回填体积〉	□	建筑
4	－ 010103001	项	回填方 1. 密实度要求：原土回填、压实系数0.95	m³	STHTTJ	STHTTJ〈素土回填体积〉	□	建筑工程
5	01010100	定	人工回填土 夯填	m³	STHTTJ	STHTTJ〈素土回填体积〉	□	建筑

图 9-6　基槽土方做法表

第 10 章　楼梯定义及绘制

楼梯是实际工程中很常见的构件。在很多情况下,现浇混凝土楼梯是按照投影面积去算量的,可以不用细分踏步段和休息平台,只需要利用楼梯构件将楼梯所占范围画入软件中即可。有些情况下,需要详细计算楼梯各组成构件的工程量,此时就需要将梯段、休息平台等构件都画入软件。

10.1　楼梯定义

以办公楼底层楼梯为例,定义参数化楼梯,新建参数化楼梯,弹出"选择参数化图形"窗口,如图 10-1 所示,选择"标准双跑 1"参数图进入到"编辑图形参数"界面,如图 10-2 所示,根据图纸输入相应参数,保存退出即可。

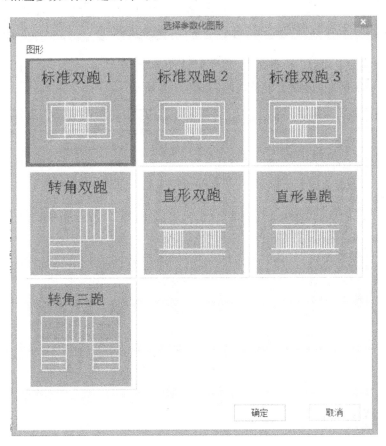

图 10-1　参数化楼梯图形选择窗口

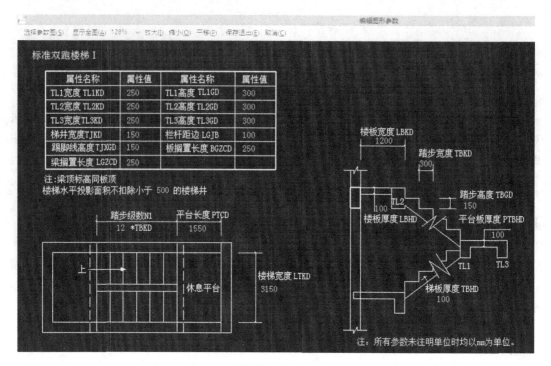

图 10-2　参数化楼梯信息输入窗口

套取清单和定额,并选择工程量代码,如图 10-3 所示。

	编码	类别	项目名称	单位	工程量表达式	表达式说明	措施项目	专业
1	− 010506001	项	直形楼梯 1. 混凝土种类:砾石、商品混凝土 2. 混凝土强度等级: C25	m²	TYMJ	TYMJ<投影面积>	☐	建筑工程
2	01040044	定	混凝土直形楼梯 板厚100 mm(砾石)	m²	TYMJ	TYMJ<投影面积>	☐	建筑
3	− 011702024	项	楼梯 1. 楼板类型: 木模板 2. 模板支撑木撑: 木支撑	m²	TYMJ	TYMJ<水平投影面积>	☑	建筑工程
4	01110119	定	楼梯 直形 木楼板木支撑	m²	TYMJ	TYMJ<水平投影面积>	☑	建筑
5	− 011503002	项	硬木扶手、栏杆、栏板 1. 扶杆材料种类、规格: 硬木扶手、60*60 2. 栏杆材料种类、规格: 不锈钢栏杆、直线型 3. 固定配件种类: 预埋铁件	m	LGCD*3/2+PTCD	LGCD<栏杆扶手长度>*3/2+ PTCD	☐	建筑工程
6	02010205	定	不锈钢管栏杆 直线型 竖条式	m	N1*0.15	N1*0.15	☐	装饰
7	02010246	定	硬木扶手 60×60	m	LGCD*3/2+PTCD	LGCD<栏杆扶手长度>*3/2+ PTCD	☐	装饰
8	02010254	定	硬木弯头 60×65	个	1	1	☐	装饰
9	− 011102003	项	块料楼地面(楼面3)	m²	TYMJ+TBLMMJ	TYMJ<水平投影面积>+ TBLMMJ<踏步立面面积>	☐	建筑工程
10	02010106	定	陶瓷地砖 楼梯 水泥砂浆	m²	TYMJ+TBLMMJ	TYMJ<水平投影面积>+ TBLMMJ<踏步立面面积>	☐	装饰
11	02010184	定	楼梯、台阶踏步防骨条 金刚砂	m	TYMJ	TYMJ<水平投影面积>	☐	装饰
12	− 011301001	项	天棚抹灰(顶棚)	m²	DBMHMJ	DBMHMJ<底部抹灰面积>	☐	建筑工程
13	02030007	定	混凝土面天棚 水泥砂浆 现浇	m²	DBMHMJ	DBMHMJ<底部抹灰面积>	☐	装饰

图 10-3　楼梯做法表

10.2　楼梯绘制

参数化楼梯绘制时可以使用【点】或者【旋转点】布置。若在使用点或者旋转点布置楼梯时,位置不能直接定位,可以先把楼梯画在绘图区中,然后再结合【移动】、【旋转】、【镜像】等功能修改楼梯的位置,如图 10-4 所示。

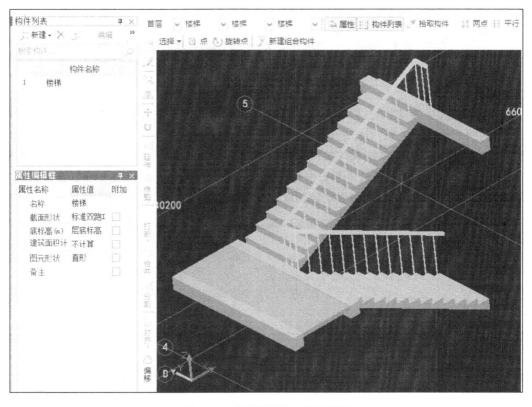

图 10-4　参数化楼梯三维效果图

第11章 表格输入和报表预览

【第一步】选择"模块导航栏"中的"表格输入",切换到表格输入界面,与绘图输入一样,最初看到的都是构件类别,点击表格输入下的加号,把所有类别全部展开,显示出具体构件,把滚动条拉到最下面,选择模块导航栏中的某类构件,点击构件列表中的新建,修改名称,输入数量,如图11-1所示。点击工具条中右边的查询下拉箭头,选择查询定额库,在定额库中找到相应的定额项,双击左键完成定额套取,在工程量表达式中输入计算公式。

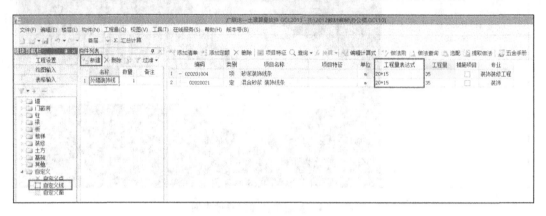

图11-1 表格输入界面

【第二步】点击工具栏中的"汇总计算",弹出如图11-2所示的提示窗口,待汇总完毕,点击"确定"。选择"模块导航栏"中的"报表预览"切换到报表界面,查看整个工程的工程量。

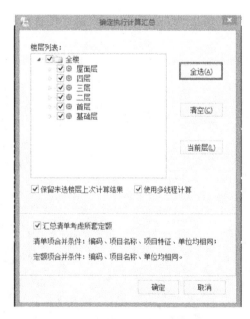

图11-2 楼层汇总计算窗口

在弹出的设置报表范围窗口中,选择全部楼层的全部构件,点击"确定",再点击弹出的提示框中的"确定"。可以看到,模块导航栏中软件将常用的报表进行了分类,便于快速查找。报表分为做法汇总分析表、构件汇总分析表、指标汇总分析表三大类,每一大类下面都有具体的报表,可以根据自己的需求进行选择查看。

【第三步】如果只需要打印工程的部分工程量,如柱、梁、板,可以选择常用工具条中的【设置报表范围】,如图 11-3 所示,在弹出的窗口中选择楼层、构件,选完后点击"确定",再点击弹出的提示框中的"确定"。可以看到,报表中只有柱、梁、板的工程量,直接点击打印即可。软件中的报表界面布局是默认的,如果界面布局与要求不一样,可以使用软件的列宽功能,按照要求调整界面布局。这样就完成了报表的简单设计。

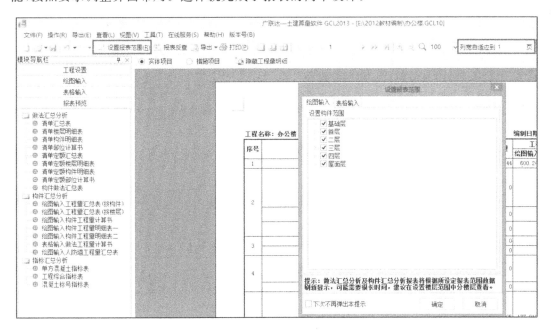

图 11-3 设置报表范围窗口

第三部分
CAD 智能识别

广联达软件提供了功能强大、高效快捷的 CAD 识别功能,用户将 CAD 格式".dwg"电子图导入到软件中,利用软件提供的识别构件功能,快速将电子图纸中的信息识别为钢筋的各类构件。

CAD 识别功能的具体操作流程如下图所示。

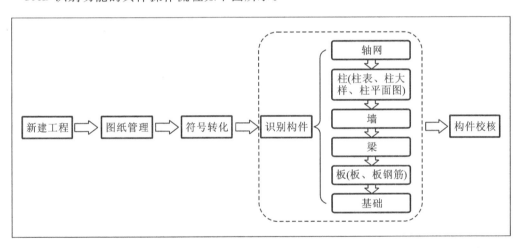

CAD 识别流程图

第 12 章 图 纸 管 理

广联达软件对 CAD 图纸识别提供了【图纸管理】功能,能够将 CAD 电子图进行有效管理,与钢筋工程的楼层及构件类型进行一一对应,并随工程统一保存,提高做工程的效率,操作流程如图 12-1 所示。

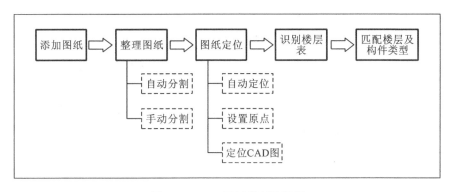

图 12-1 CAD 图纸管理流程图

12.1 添加图纸

此功能主要用于将电子图纸导入到软件中,电子图纸的格式可以为"∗.DWG" "∗.GVD""∗.CADI""∗.DXF"。操作步骤如下。

【第一步】点击导航条"CAD 识别"→"CAD 草图"。

【第二步】点击图纸管理窗口的"添加图纸",如图 12-2 所示,选择电子图纸所在的文件夹,并选择需要导入的电子图,点击"打开"(图纸选择支持单选、拉框多选、Shift 或 Ctrl 点击多选)。

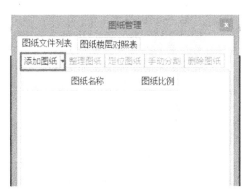

图 12-2 添加图纸工具栏

【第三步】在图纸管理界面显示导入后的图纸,如图 12-3 所示,可以修改名称和图纸的比例,在绘图区域中显示导入的图纸文件内容,完成操作。

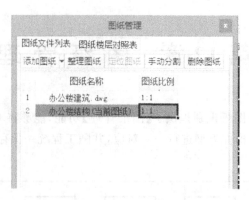

图 12-3 添加图纸显示示意图

① 双击图纸列表中的图名,则选择的图纸会在绘图区进行显示,同时图名底色变为绿色。

② 图纸的比例显示的是 1∶1,该比值为图纸实际尺寸与图纸标注尺寸的比例。例如某条线段的实际像素尺寸为 100,标注尺寸为 300,则原图比例为 1∶3,在图纸比例处直接输入即可。

12.2 删除图纸

如果误导入了不需要的 CAD 图纸或导入的 CAD 图纸已经识别完,同时为了使软件界面清晰显示,则可以使用"删除图纸"的功能,清除选中的 CAD 图纸。操作步骤如下。

【第一步】点击导航条"CAD 识别"→"CAD 草图",选中需要删除的图纸,点击图纸管理下的"删除图纸",如图 12-4 所示。

图纸名称	图纸比例
1 − 办公楼结构	1:1
2 三四层板配筋图.CADI	1:1
3 屋面板配筋图.CADI	1:1
4 楼梯三层平面详图.CA	1:1
5 二层板配筋图.CADI	1:1
6 顶层梁配筋图.CADI	1:1
7 三四层梁配筋图.CADI	1:1
8 二层梁配筋图.CADI	1:1
9 基础层梁配筋图.CADI	1:1
10 柱结构平面图.CADI	1:1
11 基础结构平面图.CADI	1:1

图 12-4 删除图纸工具栏

【第二步】在弹出的界面中点击"是",可以删除 CAD 图形,点击"否",则取消操作,如图 12-5 所示。

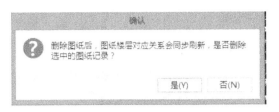

图 12-5　是否删除图纸确认窗口

12.3　整理图纸

一张图纸中包含了多层的平面图,需要快速将图纸按照楼层、构件分割出来。操作步骤如下。

【第一步】导入图纸后,点击图纸管理窗口上的"整理图纸"功能,如图 12-6 所示。

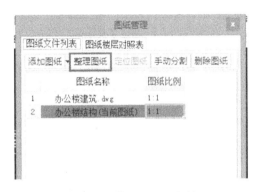

图 12-6　整理图纸工具栏

【第二步】根据状态栏提示,依次提取图纸中的"图框线"及"图名",右键确定,如图 12-7所示。

图 12-7　整理图纸显示示意图

【第三步】软件根据图框线进行自动分割图纸,并且按照提取的图纸名称对应命名,整理完成后,弹出提示,如图 12-8 所示。

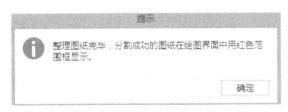

图 12-8　整理图纸完毕提示窗口

图纸整理完成后的效果如图 12-9 所示。

① 如果要查看分割出的图纸,直接双击图纸名,则可以在绘图区进行显示。

图 12-9　图纸文件列表

② 在软件中被分割后的图纸在分割线位置显示红色,没有被红色边框线包围的部分,表示没有被自动分割。

③ 黄色底色,表示该图纸暂未与楼层、构件进行对应。

12.4　手动分割

由于图纸的不规范或者图纸标注信息的不完整,使用整理图纸功能后,某些缺少图名或者图纸边框线缺失的图纸可能不被软件整理出来,这时就需要使用【手动分割】功能进行分割。操作步骤如下。

【第一步】点击菜单栏"CAD 识别"→"图纸管理"→"手动分割",然后在绘图区域拉框选择要分割的图纸,如图 12-10 所示。

图 12-10　手动分割图纸工具栏

【第二步】单击右键确定,弹出"请输入图纸名称"对话框,被点击中的图名标注,即可将名称自动提取到对话框中。

【第三步】点击"确定",完成导出操作。

12.5　定位图纸

在手动分割图纸后,需要定位 CAD 图纸,使构件之间以及上下层之间的构件位置重合。操作方法为:点击"定位图纸"按钮,软件将自动按照图纸轴网交点距原点最近的点,作为图纸定位的基本点,快速完成所有图纸中构件的对应位置关系,如图 12-11 所示。

图 12-11　定位图纸工具栏

第 13 章　CAD 草图

13.1　插入 CAD 图

此功能主要用于在已经导入 CAD 图的基础上,继续导入其他 CAD 图。操作步骤如下。

【第一步】点击导航条"CAD 识别"→"CAD 草图",如图 13-1 所示。

图 13-1　CAD 图纸工具栏

【第二步】点击绘图工具栏中的"插入 CAD 图",选择电子图纸所在的文件夹,并选择需要插入的文件,点击"打开",如图 13-2 所示。

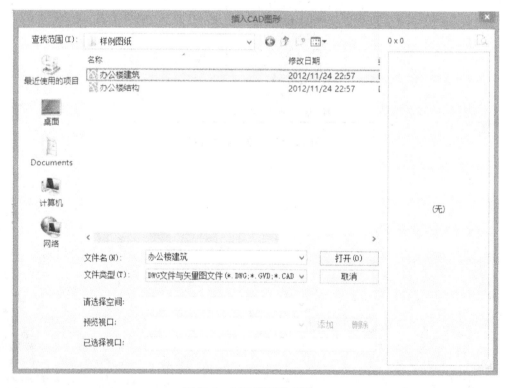

图 13-2　CAD 图形选择窗口

13.2　清除 CAD 图

如果错误地导入 CAD 图形或导入的 CAD 图形已经识别完,为了使界面不凌乱,可以使用"清除 CAD 图"的功能,清除当前的 CAD 图形。操作步骤如下。

【第一步】点击导航条“CAD 识别”→“CAD 草图”，点击绘图工具栏中的“清除 CAD 图”，如图 13-3 所示。

图纸管理
插入CAD图
定位CAD图
清除CAD图
设置比例
批量替换
还原CAD图元
修改CAD标注
图片管理

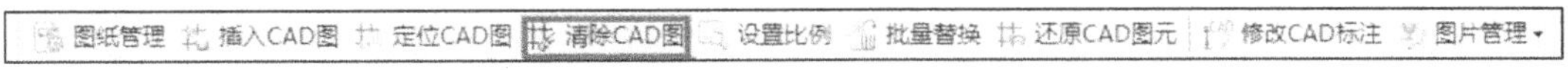

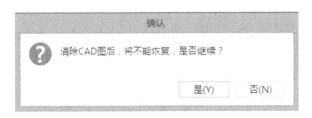

图 13-3　CAD 工具栏中的清除 CAD 图

【第二步】在弹出的界面中点击“是”，可以清除 CAD 图，点击“否”，取消操作，如图13-4 所示。

确认
清除CAD图后，将不能恢复，是否继续？
是(Y)
否(N)

图 13-4　是否清除 CAD 图确认窗口

13.3　定位 CAD 图纸

在识别完某个构件后，导入另外一张图纸时，如果两张图纸的构件没有重合，那么可以使用“定位 CAD 图”功能使两张图纸的构件重合。操作步骤如下。

【第一步】点击导航条“CAD 识别”→“CAD 草图”，如图 13-5 所示。

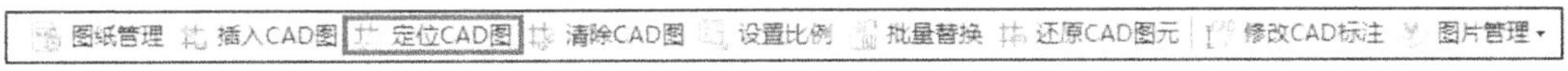

图纸管理
插入CAD图
定位CAD图
清除CAD图
设置比例
批量替换
还原CAD图元
修改CAD标注
图片管理

图 13-5　CAD 工具栏中的定位 CAD 图

【第二步】点击绘图工具栏中的“定位 CAD 图”，点击当前 CAD 图形中的一个点作为基准点。

【第三步】移动鼠标，选择第二点作为目标点。

【第四步】点击目标点，完成操作。

13.4　批量替换

在 CAD 图纸中，标高有时是采用汉字表示的方式，如基础底标高等。对于此类标高，软件不能识别，所以就需要将其转换为具体的标高数值。操作步骤如下。

【第一步】点击导航条“CAD 识别”→“CAD 草图”。

【第二步】点击绘图工具栏中的【批量替换】按钮，此时将弹出“批量替换”窗口，如图 13-6 所示。

【第三步】输入需要查找的内容和需要替换的内容，点击【全部替换】，软件将弹出提示，点击【确定】即可，如图 13-7 所示。

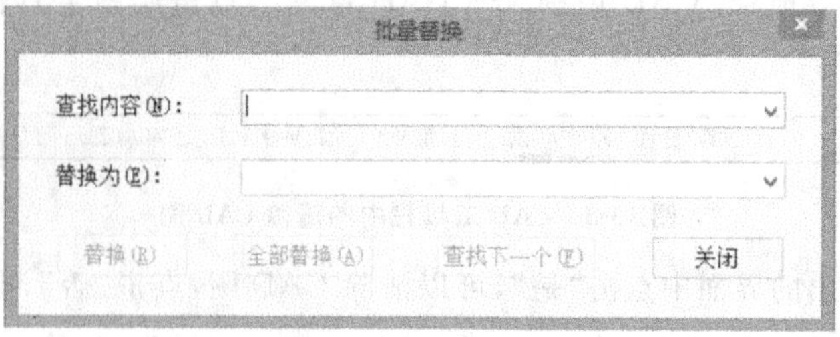

图 13-6   批量替换窗口

图 13-7   批量替换完成提示窗口

第14章 构 件 识 别

14.1 识别轴网

轴网识别步骤为:①提取轴线边线 → ②提取轴线标识 → ③识别轴网,如图 14-1 所示。

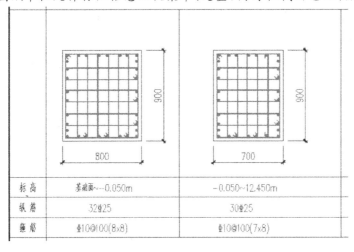

图 14-1 识别轴网

说明:识别轴网分为 a 自动识别轴网、b 选择识别组合轴网、c 识别辅助轴线。识别轴网时,如果工程的轴网比较规范,同时轴网标识也比较完整,可以使用 a 命令;若在工程中存在多个复杂轴网时,可以使用 b 命令;对于一些弧形或者椭圆形的不规则线组成的轴网,可以使用 c 命令。

14.2 识别柱大样

识别柱大样步骤为:①转换符号 → ②提取柱边线 → ③提取柱标识 → ④提取钢筋线 → ⑤识别柱大样,如图 14-2 所示。

图 14-2 识别柱大样

说明:对于转换符号,如果图纸中的钢筋级别符号已经是软件能识别的 A、B、C、D 等字符时,此步骤可略去。⑤识别柱大样分为 a 点选识别柱大样、b 自动识别柱大样。识别柱大样的过程中,若图纸中柱大样标注信息比较集中、完整,同时柱截面也比较规则,如图 14-3

标高	基础面~-0.050m	-0.050~12.450m
纵筋	32Φ25	30Φ25
箍筋	Φ10@100(8×8)	Φ10@100(7×8)

图 14-3 柱大样配筋图

所示,则可以使用 b 命令来快速地建立柱构件;如果遇到柱大样标注信息比较零散或其他原因造成自动识别不能正确读取柱大样信息时,则可以选择 a 命令。

14.3 识别柱

识别柱的步骤为:①识别柱表→②提取柱边线→③提取柱标识→④识别柱,如图 14-4 所示。

图 14-4 识别柱

说明:识别柱表的主要功能是在各楼层中快速地建立柱构件。如果图纸中柱配筋信息不是以柱表的形式表现,则此步可以略去。④识别柱分为 a 自动识别柱、b 点选识别柱、c 框选识别柱、d 按名称识别柱。在框架或者框剪结构中,若柱边线是独立的 CAD 线,而不是与剪力墙边线同一个图层,可选择 a 命令使柱平面图中的所有柱边线生成图元;若柱边线和剪力墙边线同图层,可选择 c 命令。

14.4 识别墙

14.4.1 识别(混凝土)墙的步骤

①识别剪力墙表→②提取混凝土墙边线→③提取墙标识→④提取门窗线→⑤识别墙,如图 14-5 所示。

图 14-5 识别墙

说明:识别剪力墙时,若工程中剪力墙的配筋不是以墙表的形式表示,则步骤①可以略去。在墙柱平面图中,剪力墙只以厚度划分,而没有标识出墙体的名称,则步骤③可以略去。当剪力墙上无门窗时,步骤④可以略去。识别墙体时可分为 a 自动识别、b 框选识别、c 点选识别。如果要把图纸中的所有墙体瞬间识别出来,可以使用 a 命令;若只要识别工程中局部个别墙体,可以使用 b 或 c 命令,如图 14-6 所示。

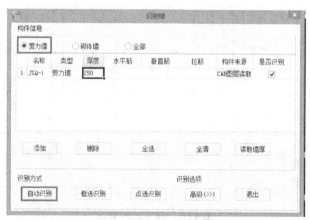

图 14-6 识别混凝土墙

14.4.2　识别砌体墙的步骤

　　①提取砌体墙边线→②提取门窗线→③识别墙，如图 14-7 所示。

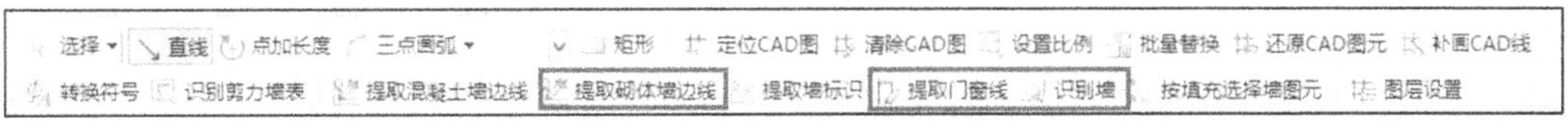

图 14-7　选择混凝土墙识别方式

　　说明：识别砌体墙可分为 a 自动识别、b 框选识别、c 点选识别。如果要把图纸中的所有墙体瞬间识别出来，可以使用 a 命令；若只要识别工程中局部个别墙体，可以使用 b 或 c 命令，如图 14-8 所示。

图 14-8　识别砌体墙

14.5　识别门窗洞

　　在识别门窗洞时，由于混凝土墙边线或砌体墙边线在步骤"4.4 识别墙"中已提取，所以识别门窗洞只需以下三步即可。

　　①识别门窗洞表→②提取门窗洞标识→③识别门窗洞，如图 14-9 所示。

图 14-9　识别门窗洞

　　说明：识别门窗洞可分为 a 自动识别门窗洞、b 框选识别门窗洞、c 点选识别门窗洞、d 精确识别门窗洞。如果要把平面图中的所有门窗洞一次识别出来，可以使用 a 命令；若只要识别指定的一个或几个门窗洞，可以选择 b、c 或 d 命令。

14.6 识别梁

14.6.1 识别梁

框架梁、非框架梁、基础梁的识别步骤如下。

①转换符号→②提取梁边线→③提取梁标注→④识别梁→⑤识别原位标注,如图 14-10 所示。

图 14-10 识别梁

说明:识别梁时,若梁标注的钢筋级别符号已经是 A、B、C、D 之类的表示形式时,则"转换符号"此步骤可以略去。提取梁标注可分为 a 自动提取梁标注、b 提取梁集中标注、c 提取梁原位标注。在提取时,若使用 a 命令把梁的集中标注和原位标注同时提取到软件中,则软件会根据引线自动判断集中标注和原位标注。如果图纸不规范,集中标注和原位标注的显示比较凌乱,导致软件不能智能区分梁标注中的集中标注和原位标注,则可以使用 b 或 c 命令来提取区分。识别梁可分为 d 自动识别梁、e 点选识别梁、f 框选识别梁。在实际工程中,若需要瞬间把所有的梁识别出来,可使用 d 命令;若要识别局部某些梁时,可选择 e 命令或 f 命令。识别原位标注可分为 g 自动识别梁原位标注、h 框选识别梁原位标注、i 单构件识别梁原位标注、j 点选识别梁原位标注。g 命令一次可把绘图区中所有梁的原位标注同时识别出来,h 命令是把被选中的梁图元的原位标注识别出来,i 命令一次只能识别一道梁的原位标注,h 命令一次只能识别一道梁中的一个原位标注。

14.6.2 识别连梁

识别连梁的步骤如下。

①转换符号→②识别连梁表→③提取梁边线→④提取梁标注→⑤识别连梁,如图 14-11 所示。

图 14-11 识别连梁

说明:识别连梁时,若连梁表中的钢筋级别符号已经是 A、B、C、D 之类的表示形式,则"转换符号"此步骤可以略去。提取梁标注可分为 a 自动提取梁标注、b 提取梁集中标注、c 提取梁原位标注。由于连梁不存在原位标注,所以提取梁标注时只使用 a 命令即可。识别连梁可分为 d 自动识别梁、e 点选识别梁、f 框选识别梁。在实际工程中,若需要瞬间把所有的梁识别出来,可使用 d 命令;若只要识别局部某些梁时,可选择 e 命令或 f 命令。

14.7 识别受力筋

识别受力筋和识别负筋可以在识别受力筋界面中识别,也可以在识别负筋界面中识别。

操作步骤如下。

①转换符号→②提取板钢筋线→③提取板钢筋标注→④提取支座线→⑤自动识别板筋,如图 14-12 所示。

图 14-12 识别受力筋

说明:识别板筋时,若板筋标注的钢筋级别符号已经是 A、B、C、D 之类的表现形式,则"转换符号"此步骤可以略去。自动识别板筋时,必须要把柱、混凝土墙、梁、板构件全部绘制完毕。

14.8 识别独立基础

识别独立基础的步骤如下。

①新建独立基础→②提取独立基础边线→③提取独立基础标识→④识别独立基础,如图 14-13 所示。

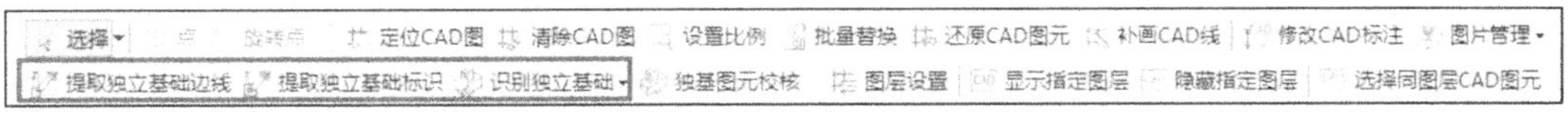

图 14-13 识别独立基础

说明:由于独立基础平面布置图中表示的仅是独立基础的位置,而独立基础的阶数和厚度以及配筋均要从基础表或者剖面图中获得,所以识别独立基础前必须要建立好相应的基础单元,才可准确识别。识别独立基础可分为 a 自动识别独立基础、b 点选识别独立基础、c 框选识别独立基础。a 命令可以一次把平面图中的所有独立基础全部识别成图元,b 命令一次只能识别一个独立基础,c 命令可以对局部几个独立基础进行框选识别。

桩承台识别与独立基础识别相同。

附录 工程案例

		图 纸 目 录			工程号	
		建设单位			图 别	建 施
		工程名称	办公楼		日 期	2012.05
					共 1 页 第 1 页	

序号	图别图号	图 纸 内 容	图幅折合A3	备 注
00	建施—TM	图纸目录	0.5	
01	建施—01	建筑设计总说明	1.0	
02	建施—02	首层平面图	1.0	
03	建施—03	二～三层平面图	1.0	
04	建施—04	四层平面图	1.0	
05	建施—05	屋面层平面图	1.0	
06	建施—06	①～⑧轴立面图	1.0	
07	建施—07	⑧～①轴立面图	1.0	
08	建施—08	Ⓐ～Ⓓ轴立面图	1.0	
09	建施—09	Ⓓ～Ⓐ轴立面图	1.0	
10	建施—10	门窗大样	1.0	
11	建施—11	楼梯详图	1.0	

引用图集	98ZJXXX		
	05ZJXXX		

注册建筑师	注册结构工程师	项目负责	设计人	制图

建筑总说明

一、设计依据

1. 国家和地方现行的有关规范和相关法规。

2. 本工程设计时更多的是考虑钢筋和算量的的基本知识点,不是实际工程,请勿用于任何商业用途。

二、工程概况

1. 本建筑物合理使用年限为 50 年。

2. 本建筑物抗震设防烈度为 8 度。

3. 本建筑物结构类型为框架结构体系。

4. 本建筑物总建筑面积 2711.15 m^2。

5. 本建筑物建筑层数为 4 层,均在地上。

6. 本建筑物檐口距地高度为 15.60 m。

三、节能设计

1. 本建筑物的体形系数小于 0.3。

2. 本建筑物框架部分外墙砌体结构使用 240 mm 厚陶粒空心砖,外墙外侧使用 50 mm 厚聚苯颗粒,外墙采用保温做法,传热系数小于 0.6。

3. 本建筑物外塑钢门窗均为单层框中空玻璃,传热系数不超过 3.0。

4. 本建筑物屋面外侧均采用 80 mm 厚现喷硬质发泡聚氨保温层,导热系数小于 0.024。

四、防水设计

1. 本建筑物屋面工程防水等级为二级,平屋面采用 3 mm 厚高聚物改性沥青防水卷材防水层,屋面雨水采用 Φ100PVC 管排水。

2. 楼地面防水:在需要楼地面防水的房间,做水溶性涂膜防水三道,共 2 mm 厚,防水层四周卷起 150 mm 高。房间在做完闭水试验后再进行下道工序施工,凡管道楼板处均预埋防水套管。

五、建筑防火设计

1. 防火分区:本建筑物一层为一个防火分区。

2. 安全疏散:本建筑物共设一部疏散楼梯,均为封闭楼梯,楼梯可达所有使用屋面,每部楼梯梯段净宽均大于 1.1 m,满足安全疏散要求。

3. 消防设施及措施:本建筑所有构件均达到二级耐火等级要求。

六、墙体设计

1. 外墙:均为 240 mm 厚标准砖。

2. 内墙:均为 240 mm 厚标准砖。

3. 屋顶女儿墙:240 mm 厚标准砖墙。

4. 墙体砂浆:砌块墙体、砖墙均采用 M5 水泥砂浆砌筑。

5. 墙体护角:在室内所有门窗洞口和墙体转角的凸阳角,用 1:2 水泥砂浆做 1.8 m 高护角,两边各伸出 80 mm。

七、防腐防锈处理

1. 所有预埋铁件,在预埋前均应做除锈处理;所有木砖在预埋前,均应先用沥青油做防腐处理。

2. 除特别注明外,所有门窗的立框位置居墙中线。

3. 凡室内有地漏的房间,除特别注明外,其地面应自门口或墙边向地漏方向做 0.5% 的坡。

八、雨篷

本图中雨篷属于玻璃钢雨篷,面层是玻璃钢,底层为钢管网架,属于成品,由厂家直接订做。

九、施工注意事项

1. 在施工过程中,应以施工图纸为依据,严格监理,精心施工。

2. 在施工过程中,本套施工图纸的各专业图纸应配合使用,提前做好预留洞及预埋件,避免返工及浪费,不得擅自剃凿。

3. 在施工过程中,当遇到图纸中有不明白或者不统一的地方时,应及时与相关设计人员联系,不得擅自做主施工。

本说明未尽事宜均须严格按照《建筑施工安装工程验收规范》及国际有关规定执行。

十、室外装修设计

1. 屋面(不上人屋面)

①35 mm×490 mm×490 mm,C20 预制钢筋混凝土板(A4 钢筋双向中距 150 mm),1:2 水泥砂浆擦缝。

②M5 水泥砂浆砌侧砌中砖 90 mm×135 mm,双向中距 500 mm。

③一层 1.2 厚 SBC 聚乙烯丙纶复合防水卷材用专业胶黏剂配置水泥胶黏接,四周卷边 250 mm。

④15 mm 厚 1:3 水泥砂浆找平。

⑤干铺 150 mm 厚加气混凝土砌块。

⑥钢筋混凝土屋面板,表面清洁干净。

2. 外墙

1)外墙 1:干挂大理石墙面

①干挂石材墙面。

②竖向龙骨间整个墙面用聚合物砂浆粘贴 35 mm 厚聚苯保温板,聚苯板与角钢竖龙骨交接处严贴不得有缝隙,粘贴面积 20%,聚苯板离墙 10 mm,形成 10 mm 厚空气层。聚苯保温板密度大于等于 18 kg/m³。

③墙面。

2)外墙 2:面砖外墙

①10 mm 厚面砖,在转粘贴面上随粘刷一遍 YJ-302。混凝土界面处理剂,1:1 水泥砂浆勾缝。

②6 mm 厚 1:0.2:2.5 水泥石灰膏砂浆(内掺建筑胶)。

③刷素水泥浆一道(内掺水重 5% 的建筑胶)。

④刷一道 YJ-302 型混凝土界面处理剂。

十一、室内设计装修设计

1. 地面

1)地面 1:防滑地砖地面(尺寸 400 mm×400 mm)

①8~10 mm 厚防滑地砖铺实拍平,白色素水泥擦缝水泥浆结合层一道。

②20 mm 厚1:4 干硬性水泥砂浆找平,面上撒素水泥。

③素水泥浆结合层一道。

④80 mm 厚 C15 混凝土。

⑤素土夯实。

2) 地面2:防滑地砖地面(尺寸 400 mm×400 mm)

①2.5 mm 厚石塑防滑地砖、建筑胶黏剂黏铺,稀水泥浆碱擦缝。

②素水泥浆一道(内掺建筑胶)。

③30 mm 厚 C15 细石混凝土随打随抹。

④3 mm 厚高聚物改性沥青涂膜防水层,四周往上卷 150 mm 高。

⑤平均 35 mm 厚 C15 细石混凝土找坡层。

⑥150 mm 厚3:7 灰土夯实。

⑦素土夯实:压实系数 0.95。

3) 地面3:防滑地砖地面(尺寸 400 mm×400 mm)

①10 mm 厚高级地砖,建筑胶黏剂粘铺,稀水泥浆碱擦缝。

②20 mm 厚1:2 干硬性水泥砂浆黏结层。

③素水泥结合层一道。

④50 mm 厚 C10 混凝土。

⑤150 mm 厚 5-32 卵石灌 M2.5 混合砂浆,平板振捣器振捣密室。

⑥素土夯实,压实系数 0.95。

2. 楼面

1) 楼面1:地砖楼面

①10 mm 厚高级地砖,稀水泥浆擦缝。

②6 mm 厚建筑胶水泥砂浆黏结层。

③素水泥浆一道(内掺建筑胶)。

④20 mm 厚1:3 水泥砂浆找平层。

⑤素水泥浆一道(内掺建筑胶)。

⑥钢筋混凝土楼板。

2) 楼面2:防滑地砖防水楼面(砖采用 400 mm×400 mm)。

①10 mm 厚高级地砖,稀水泥浆擦缝。

②撒素水泥浆(洒适量清水)。

③20 mm 厚1:2 干硬性水泥砂浆黏结层。

④1.5 mm 厚聚氨酯涂膜防水层靠墙处卷边 150 mm。

⑤20 mm 厚1:3 水泥砂浆找平层,四周及竖管根部位抹小八字角。

⑥素水泥浆一道。

⑦平均厚 35 mm 厚 C15 细石混凝土从门口向地漏找 1%坡。

⑧现浇混凝土楼板。

3) 楼面3:防滑地砖防水楼面(砖采用 400 mm×400 mm)

①铺 20 mm 厚高级地砖,稀水泥浆擦缝。

②撒素水泥浆(洒适量清水)。

③素水泥浆一道(内掺建筑胶)。

④30 mm 厚 1∶3 干硬性水泥砂浆黏结层。

⑤40 mm 厚 1∶1.6 水泥粗砂焦渣垫层。

⑥钢筋混凝土楼板。

3. 踢脚

1) 踢脚 1:地砖踢脚(400 mm×100 mm 深色地砖,高度为 100 mm)

①10 mm 厚防滑地砖踢脚,稀水泥浆擦缝。

②8 mm 厚 1∶2 水泥砂浆(内掺建筑胶)黏结层。

③5 mm 厚 1∶3 水泥砂浆打底扫毛或划出纹道。

2) 踢脚 2:大理石踢脚(用 800 mm×100 mm 深色大理石,高度为 100 mm)

①15 mm 厚大理石踢脚板,稀水泥浆擦缝。

②10 mm 厚 1∶2 水泥砂浆(内掺建筑胶)黏结层。

③界面剂一道甩毛(甩前先将墙面用水湿润)。

3) 踢脚 3:水泥踢脚(高 100 mm)

①6 mm 厚 1∶2.5 水泥砂浆罩面压实赶光。

②素水泥浆一道。

③6 mm 厚 1∶3 水泥砂浆打底扫毛或划出纹道。

4. 内墙裙

墙裙 1:普通大理石板墙裙

①稀水泥浆擦缝。

②贴 10 mm 厚大理石板,正、背面及四周边满刷防污剂。

③素水泥浆一道。

④6 mm 厚 1∶0.5∶2.5 水泥石灰膏砂浆罩面。

⑤8 mm 厚 1∶3 水泥砂浆打底扫毛划出纹道。

⑥素水泥浆一道甩毛(内掺建筑胶)。

5. 内墙面

1) 内墙面 1:水泥砂浆墙面

①喷水性耐擦洗涂料。

②5 mm 厚 1∶2.5 水泥砂浆找平。

③9 mm 厚 1∶3 水泥砂浆打底扫毛。

④素水泥浆一道甩毛(内掺建筑胶)

2) 内墙面 2:瓷砖墙面(面层 200 mm×300 mm 高级面砖)

①白水泥擦缝。

②5 mm 厚釉面砖面层(粘前先将釉面砖浸水 2 h 以上)。

③5 mm 厚 1∶2 建筑水泥砂浆黏结层。

④素水泥浆一道。

⑤9 mm 厚 1∶3 水泥砂浆打底压实抹平。

⑥素水泥浆一道甩毛。

6. 天棚

天棚 1:抹灰天棚

①喷水性耐擦洗涂料。

②3 mm 厚 1∶2.5 水泥砂浆找平。

③5 mm 厚 1∶3 水泥砂浆打底扫毛或划出纹道。

④素水泥浆一道甩毛(内掺建筑胶)。

7. 吊顶

1) 吊顶 1:铝合金条板吊顶(燃烧性能为 A 级)

①1.0 mm 厚铝合金条板,离缝安装带插缝板。

②U 型轻钢次龙骨 LB45 mm×48 mm,中距小于等于 1500 mm。

③U 型轻钢主龙骨 LB38 mm×12 mm,中距小于等于 1500 mm,与钢筋吊杆固定。

④φ6 mm 钢筋吊顶,中距横向小于等于 1500 mm,纵向小于等于 1200 mm。

⑤现浇混凝土板底预留 φ10 mm 钢筋吊环,双向中距小于等于 1500 mm。

2) 吊顶 2:岩棉吸音板吊顶(燃烧性能为 A 级)

①12 mm 厚岩棉吸声板面层,规格 592 mm×592 mm。

②T 型轻钢次龙骨 TB24 mm×28 mm,中距 600 mm。

③T 型轻钢次龙骨 TB24 mm×38 mm,中距 600 mm,找平后与钢筋吊杆固定。

④φ8 mm 钢筋吊顶,双向中距小于等于 1200 mm。

⑤现浇混凝土底预留 φ10 mm 钢筋吊环,双向中距小于等于 1200 mm。

8. 油漆工程做法

除已特别注明的部位外,其他需要油漆的部位如下。

1) 金属面油漆工程做法

①刷耐酸漆两遍。

②满刮腻子砂纸抹平。

③刷防锈漆一遍。

④金属面清理、除锈。

2) 木材面油漆工程做法:选用 L96J002-P119-油 41

①调和漆两遍。

②局部刮腻子,砂纸打磨。

③刷底油一遍。

④基层清理、除污,砂纸打磨。

具体各处的油漆颜色将由室内设计确定。

台阶 98ZJ901 $\frac{11}{8}$

散水明沟 98ZJ901 $\frac{3}{5}$

散水暗沟 98ZJ901 $\frac{3}{6}$　盖板为 A 型板

检修孔 98ZJ201 $\frac{3}{14}$

房间名称		地面/楼面	踢脚/墙裙	内墙面	顶棚	备注
一层	大厅	地面1	墙裙高1200	内墙面1	吊顶1（高3200）	房间内存在独立柱时，装修同墙面
	走廊	地面1	踢脚2	内墙面1	吊顶1（高3200）	
	楼梯间	地面3		内墙面1	见楼梯装修	
	办公室	地面3	踢脚1	内墙面1	顶棚1	
	档案室	地面3	踢脚1	内墙面1	顶棚1	
	会议室	地面3	踢脚1	内墙面1	顶棚1	
	卫生间	地面2		内墙面2	吊顶2（高3300）	
二、三层	大厅	楼面3	墙裙高1200	内墙面1	吊顶1（高3200）	
	走廊	楼面3	踢脚2	内墙面1	吊顶1（高3200）	
	楼梯间	见楼梯图	见楼梯图	内墙面1	见楼梯装修	
	办公室	楼面1	踢脚1	内墙面1	顶棚1	
	档案室	楼面1	踢脚1	内墙面1	顶棚1	
	会议室	楼面1	踢脚1	内墙面1	顶棚1	
	卫生间	楼面2		内墙面2	吊顶2（高3300）	
四层	大厅	楼面3	墙裙高1200	内墙面1	吊顶1（高3200）	
	走廊	楼面3	踢脚2	内墙面1	吊顶1（高3200）	
	楼梯间	见楼梯图	见楼梯图	内墙面1	顶棚1	
	办公室	楼面1	踢脚1	内墙面1	顶棚1	
	档案室	楼面1	踢脚1	内墙面1	顶棚1	
	会议室	楼面1	踢脚1	内墙面1	顶棚1	
	卫生间	楼面2		内墙面2	吊顶2（高3300）	

房 间 装 修 表

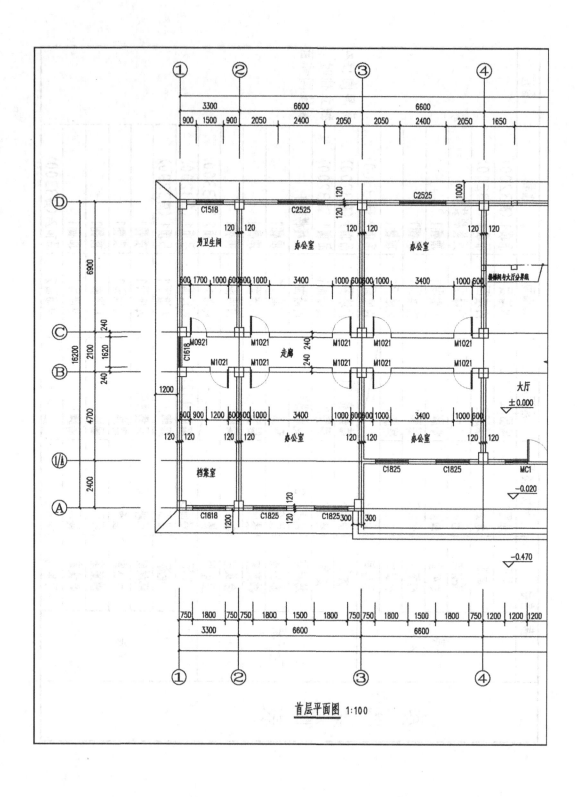

首层平面图 1:100

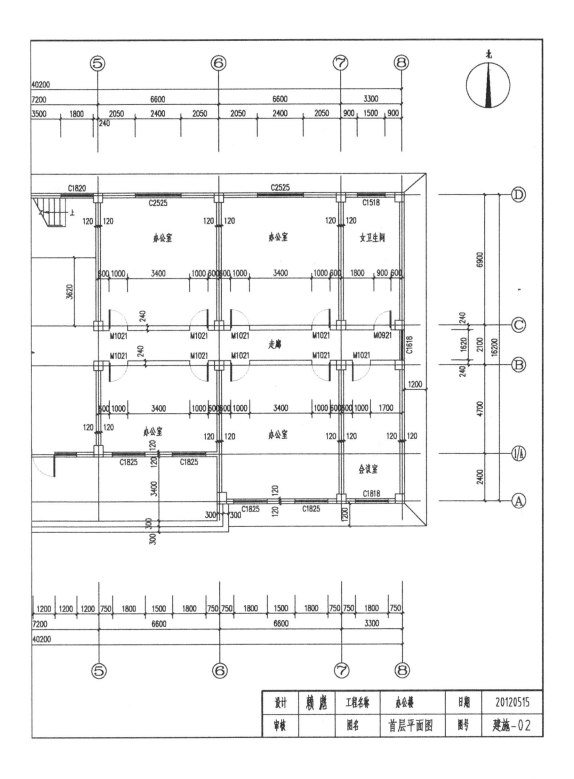

| 设计 | 颜靓 | 工程名称 | 办公楼 | 日期 | 20120515 |
| 审核 | | 图名 | 首层平面图 | 图号 | 建施-02 |

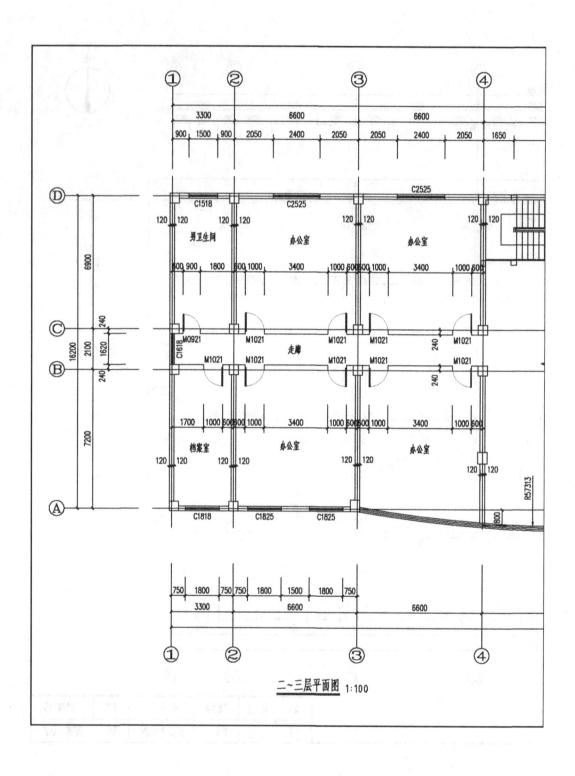

二~三层平面图 1:100

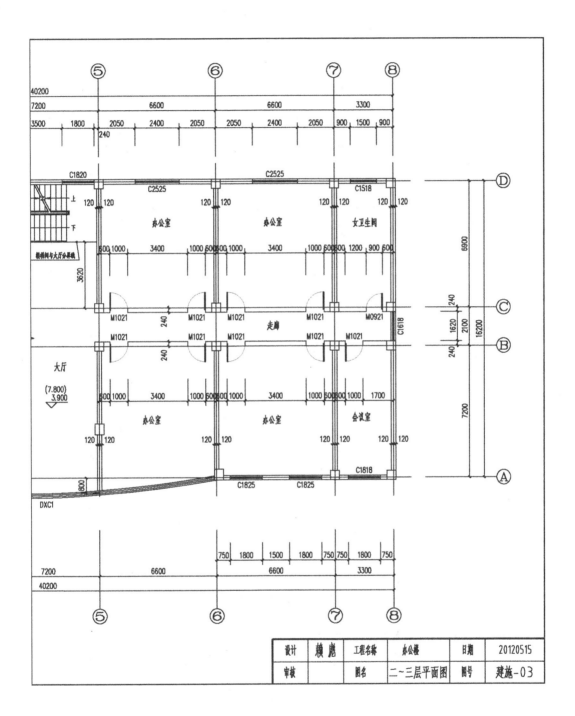

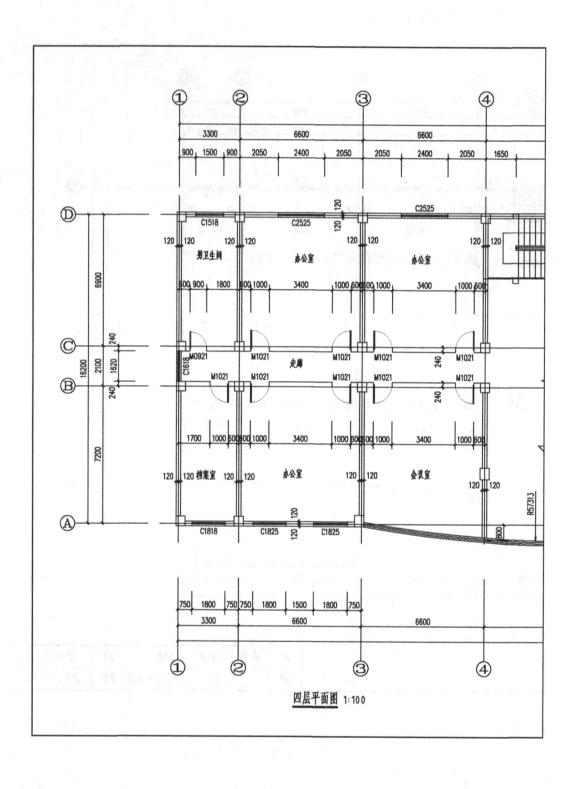

四层平面图 1:100

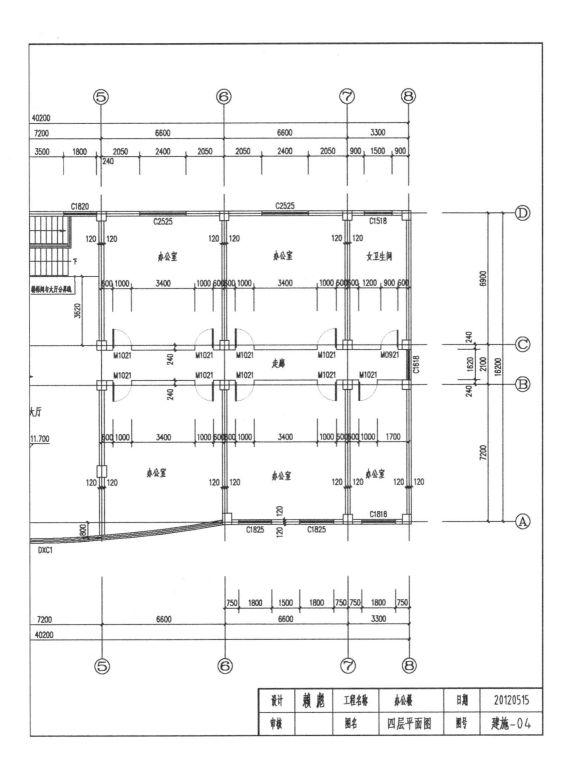

设计	颖 胤	工程名称	办公楼	日期	20120515
审核		图名	四层平面图	图号	建施-04

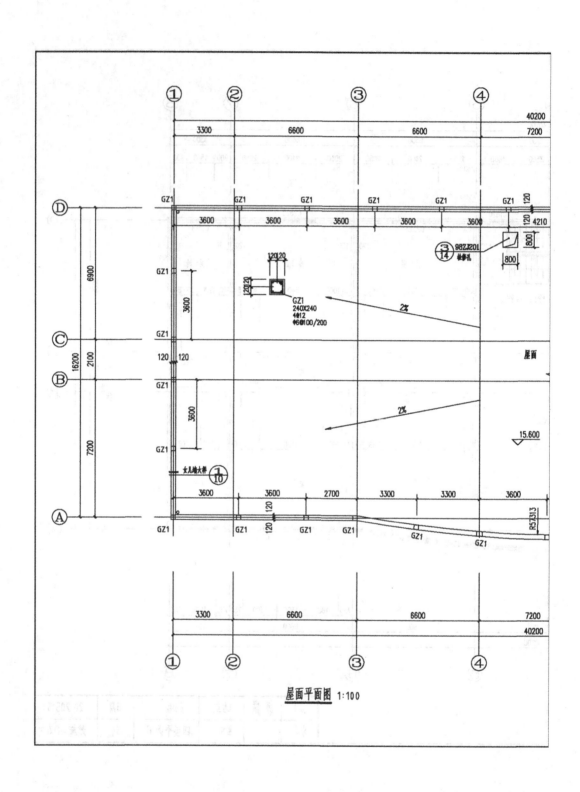

屋面平面图 1:100

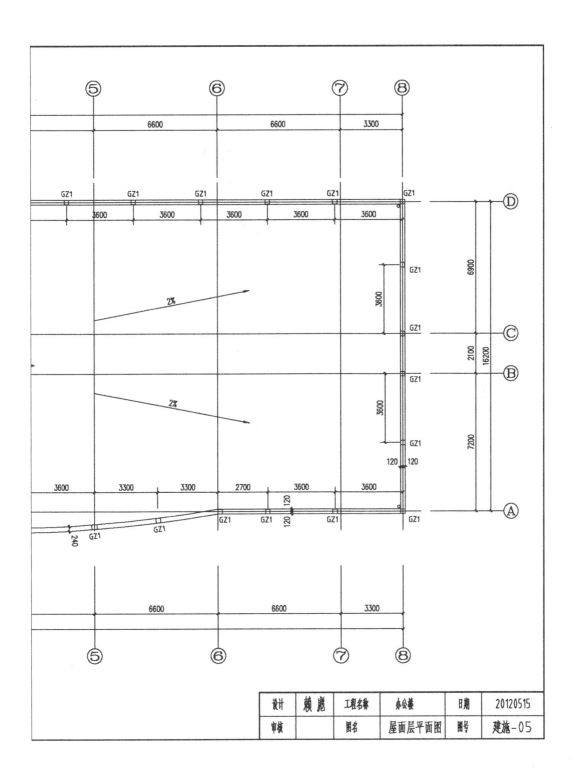

设计	赖 飚	工程名称	办公楼	日期	20120515
审核		图名	屋面层平面图	图号	建施-05

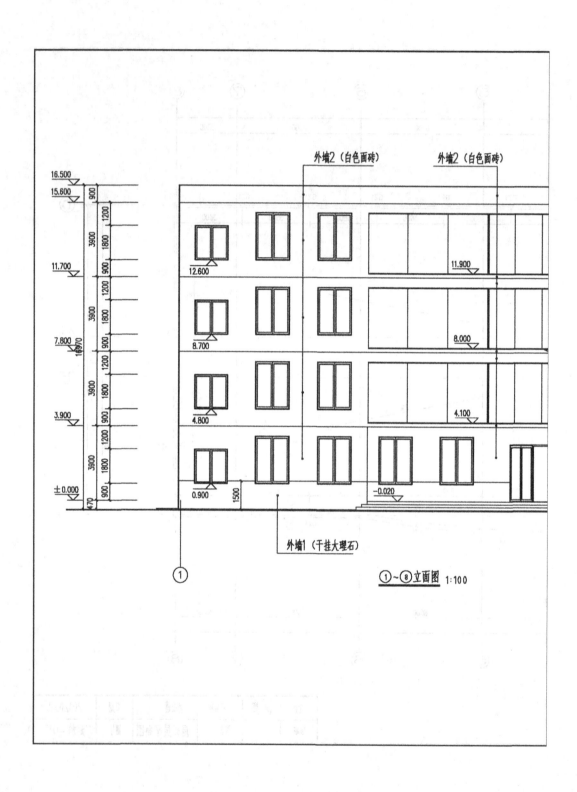

①~⑧立面图 1:100

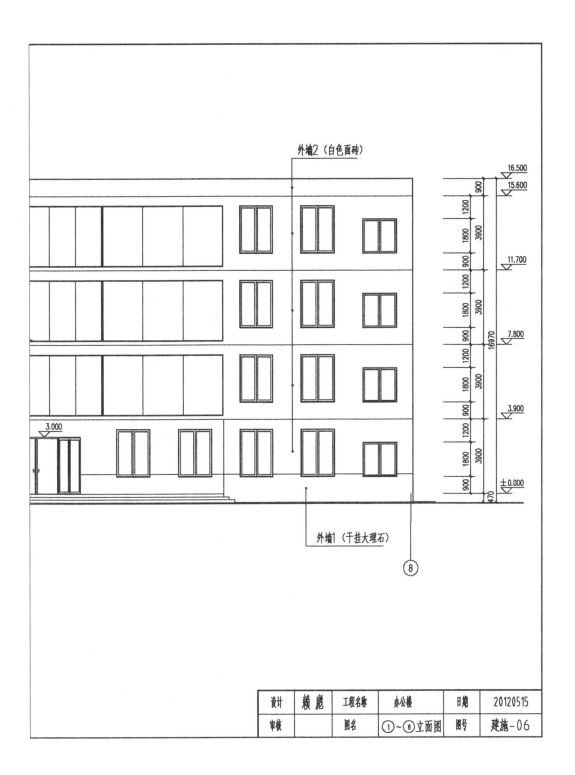

外墙2（白色面砖）

16.500
900
15.600
1200
1800   3900
900
11.700
1200
1800   3900
900
7.800
1200   16970
1800   3900
900
3.900
1200
1800   3900
3.000
900
±0.000
470

外墙1（干挂大理石）

⑧

设计	频 脆	工程名称	办公楼	日期	20120515
审核		图名	①~⑧立面图	图号	建施-06

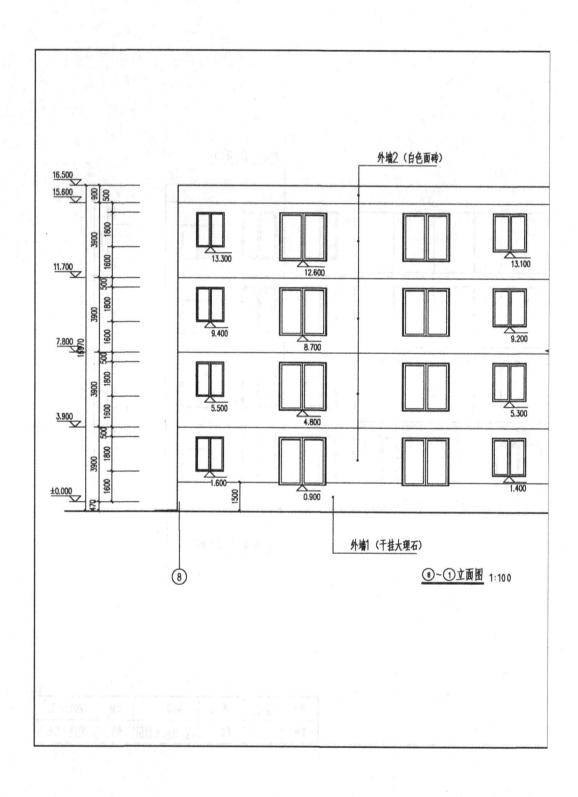

外墙2（白色面砖）

外墙1（干挂大理石）

⑧~①立面图 1:100

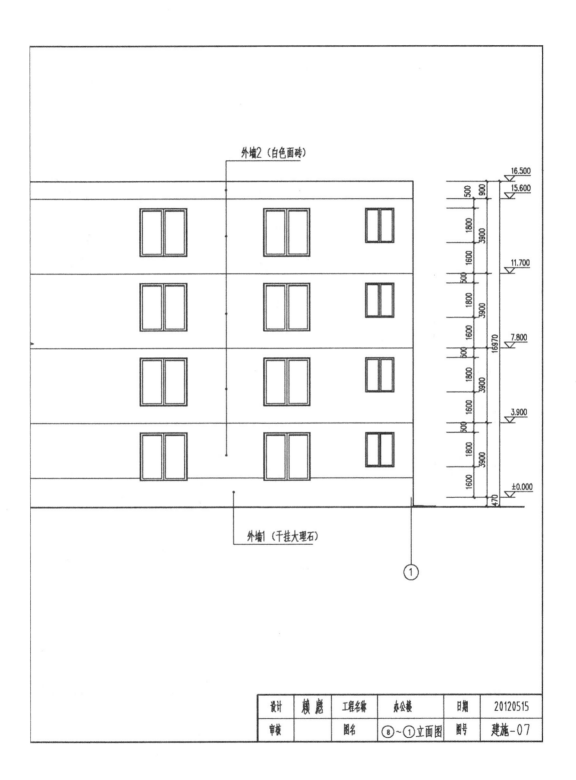

外墙2（白色面砖）

外墙1（干挂大理石）

16.500
15.600
500
900
1800
3900
1600
11.700
500
1800
3900
1600
16970
7.800
500
1800
3900
1600
3.900
500
1800
3900
1600
±0.000
470

①

设计	颜魇	工程名称	办公楼	日期	20120515
审核		图名	⑧~①立面图	图号	建施-07

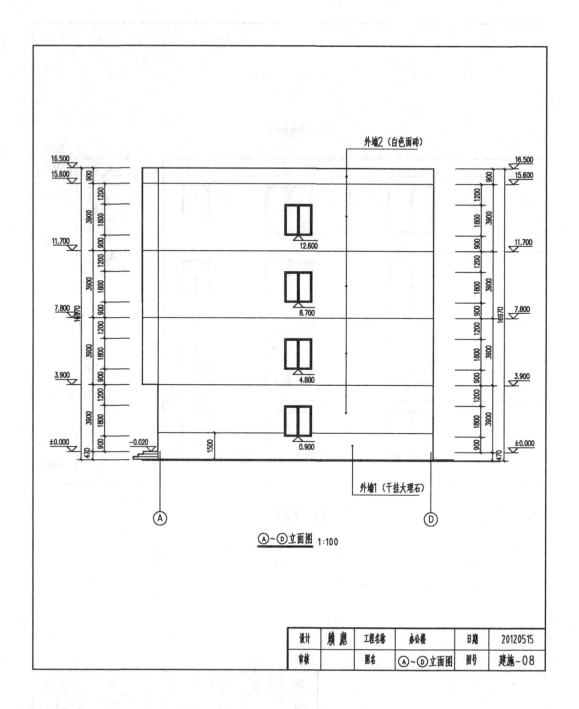

外墙2（白色面砖）

外墙1（干挂大理石）

A~D立面图 1:100

设计	颜崑	工程名称	办公楼	日期	20120515
审核		图名	A~D立面图	图号	建施-08

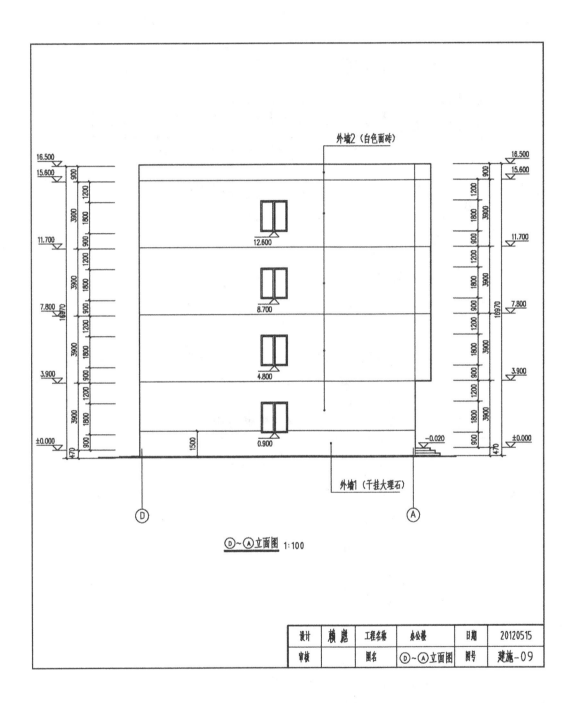

外墙2（白色面砖）

16.500
15.600
11.700
7.800
3.900
±0.000

外墙1（干挂大理石）

12.600
8.700
4.800
0.900

−0.020

Ⓓ   Ⓐ

Ⓓ～Ⓐ立面图 1:100

设计	颜鹿	工程名称	办公楼	日期	20120515
审核		图名	Ⓓ～Ⓐ立面图	图号	建施-09

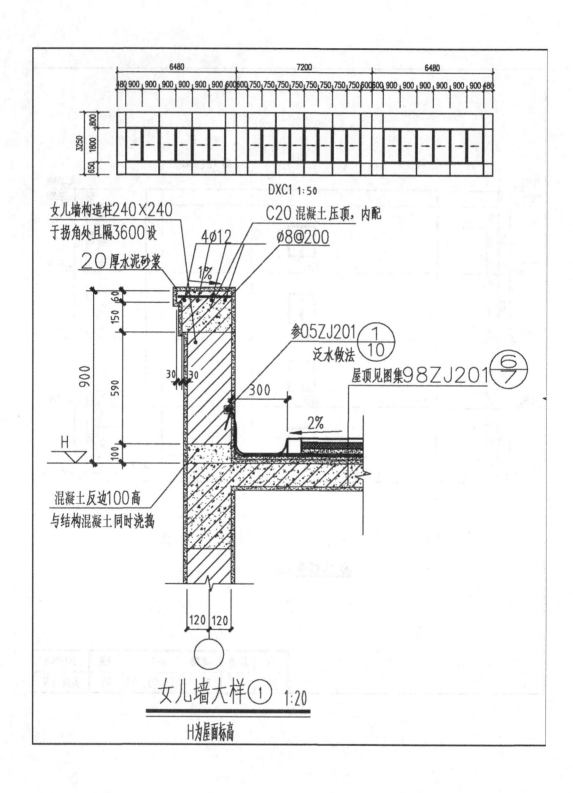

DXC1 1:50

女儿墙构造柱240×240
于拐角处且隔3600设

C20 混凝土压顶，内配
4φ12   φ8@200

20厚水泥砂浆   1%

参05ZJ201 ①/10
泛水做法

屋顶见图集98ZJ201 ⑥/⑦

2%

混凝土反边100高
与结构混凝土同时浇捣

女儿墙大样 ① 1:20

H为屋面标高

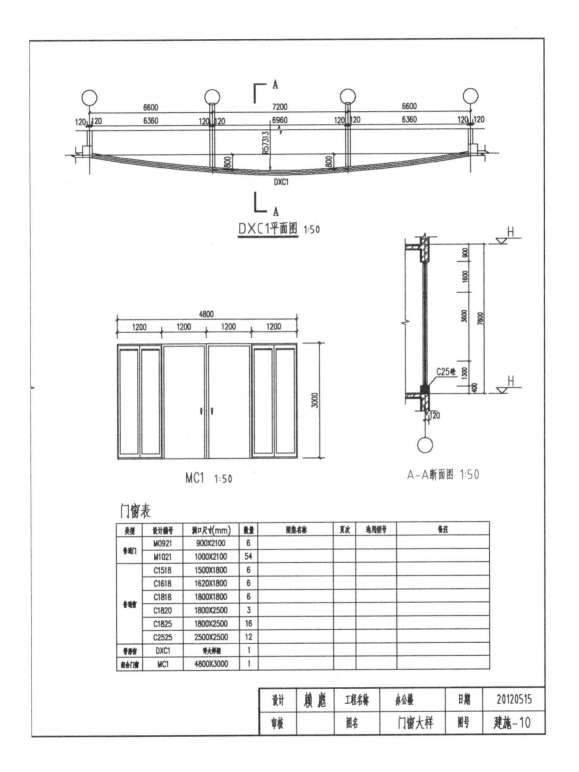

DXC1平面图 1:50

MC1 1:50

A—A断面图 1:50

门窗表

类型	设计编号	洞口尺寸(mm)	数量	图集名称	页次	选用型号	备注
普通门	M0921	900X2100	6				
	M1021	1000X2100	54				
普通窗	C1518	1500X1800	6				
	C1618	1620X1800	6				
	C1818	1800X1800	6				
	C1820	1800X2500	3				
	C1825	1800X2500	16				
	C2525	2500X2500	12				
带形窗	DXC1	带大样图	1				
组合门窗	MC1	4800X3000	1				

设计	顾　彪	工程名称	办公楼	日期	20120515
审核		图名	门窗大样	图号	建施-10

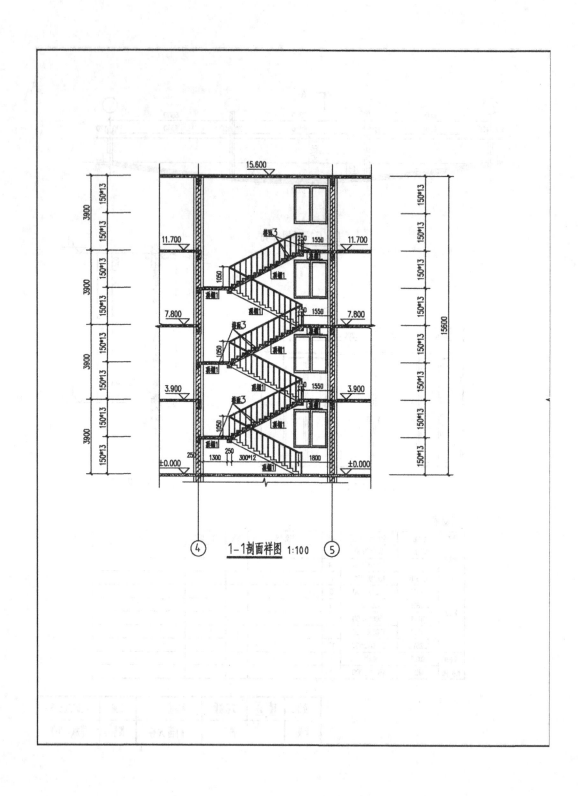

1-1剖面详图 1:100

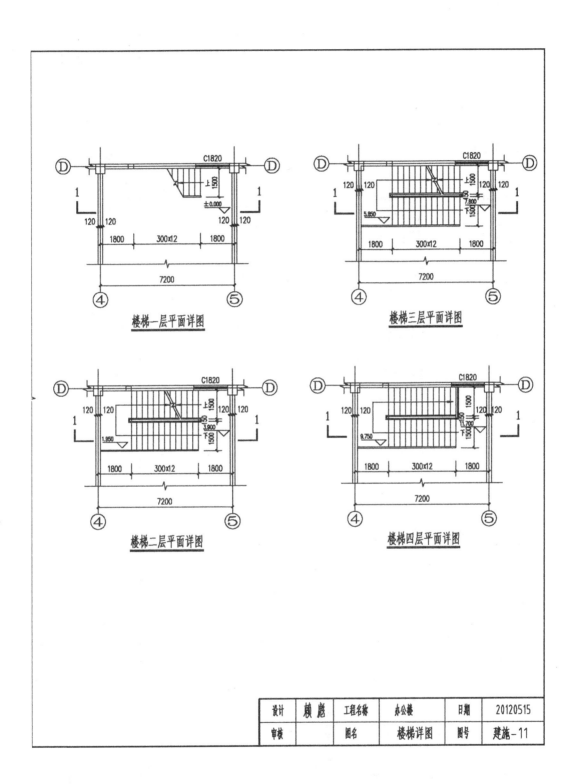

楼梯一层平面详图

楼梯三层平面详图

楼梯二层平面详图

楼梯四层平面详图

设计	颜彪	工程名称	办公楼	日期	20120515
审核		图名	楼梯详图	图号	建施-11

		图 纸 目 录	工程号	
			图 别	结 施
			日 期	2012.05
	工程名称 办公楼		共 1 页 第 1 页	

序号	图别图号	图 纸 内 容	图幅折合A3	备 注
00	结施-TM	图纸目录	0.5	
01	结施-01	结构设计总说明	1.0	
02	结施-02	基础结构平面图	1.0	
03	结施-03	基础表 柱表	1.0	
04	结施-04	柱结构平面图	1.0	
05	结施-05	基础层梁配筋图	1.0	
06	结施-06	二层梁配筋图	1.0	
07	结施-07	三四层梁配筋图	1.0	
08	结施-08	顶层梁配筋图	1.0	
09	结施-09	二层板配筋图	1.0	
10	结施-10	三四层板配筋图	1.0	
11	结施-11	屋面板配筋图	1.0	
12	结施-12	楼梯配筋图	1.0	

引用图集	11G101-1	国 标		
	11G101-2	国 标		
	11G101-3	国 标		

注册建筑师	注册结构工程师	项目负责	设计人	顺彪

结构设计总说明

一、工程概况及结构布置

本工程结构为框架结构,无地下室,地上四层。

二、设计主要依据的规范

《建筑结构可靠度设计统一标准》(GB 50068—2001)

《建筑工程抗震设防分类标准》(GB 50223—2008)

《混凝土结构设计规范》(GB 50010—2010)

《建筑抗震设计规范》(GB 50011—2010)

《建筑地基基础设计规范》(GB 50007—2011)

《建筑结构荷载规范》(GB 50009—2012)(2006 版)

《砌体结构设计规范》(GB 50003—2011)

《工业建筑防腐蚀设计规范》(GB 50046—2008)

《混凝土结构施工图平面整体表示方法制图规则和构造详图》(11G101—1)

《混凝土结构施工图平面整体表示方法制图规则和构造详图》(11G101—2)

《混凝土结构施工图平面整体表示方法制图规则和构造详图》(11G101—3)

三、自然条件及设计要求

1. 抗震设防有关参数

抗震设防烈度:8 度。抗震等级:二级。

2. 场地及工程地质条件

(1) 本工程专为教学使用设计,无地勘报告。

(2) 基础按独立基础设计,采用天然地基,地基承载力特征值 $f_{ak}=160$ kPa。

四、正常使用荷载

活荷载标准值限值表 　　　　　　　　　　　　　　(kN/m²)

使用部位	房间部位	活荷载标准值	组合值系数(kN/m)	频遇值系数	准永久值系数
楼面	办公室	2.0	0.7	0.6	0.5
	门厅、卫生间	2.0	0.7	0.5	0.4
	楼梯	3.5	0.7	0.6	0.5
屋面	上人屋面	2.0	0.7	0.5	0
	不上人屋面	0.5	0.7	0.5	0.4

五、主要材料

1. 钢筋

$d<12$ 时,为 HPB300 级钢筋(Φ)。$d\geqslant12$ 时,为 HPB335 级钢筋(Φ)。

注:普通钢筋的抗拉强度实测值与屈服强度的实测值的比值不应小于 1.25,且钢筋的抗拉强度实测值与屈服强度的标准值的比值不应大于 1.3。

2. 混凝土。基础垫层:C25。独立基础:C30。柱、梁、板、楼梯:C30。构造柱、过梁、圈梁其余结构 C25。

3. 型钢、钢板:Q235-b。

4.焊条

E43型　用于焊接型钢、钢板及 HPB300 钢和 HPB300、HRB335 钢互焊。

E50型　用于焊接 HRB335、HRB400。

六、钢筋混凝土构造

钢筋的混凝土保护层厚度:a.基础 40 mm,b.室内:板 15 mm,梁 25 mm,柱 25 mm。

七、框架柱

1.框架柱设计说明详见国标 11G101-1。

2.柱子箍筋一般为复合箍,由大箍和中间小箍或拉结钢筋组成,除拉结钢筋外均采用封闭形式,并做成 135°弯钩,当柱子配筋率大于 3‰时,柱箍筋采用焊接箍,焊接箍要求见下图所示。

3.柱与墙连接应按建筑施工图中的墙体位置,沿柱高每隔 500 mm(可按砌块高度调整)在墙宽范围内留出 2φ6 拉结筋,拉结筋锚入柱内 200 mm。

八、框架梁、次梁

1.框架梁、次梁设计说明详见国标 11G101-1。

2.悬挑梁的构造详见附图 1。

3.当梁的腹板高度 $h_w \geqslant 450$ 时,梁侧纵向构造筋除单体图中注明外按下图设置。

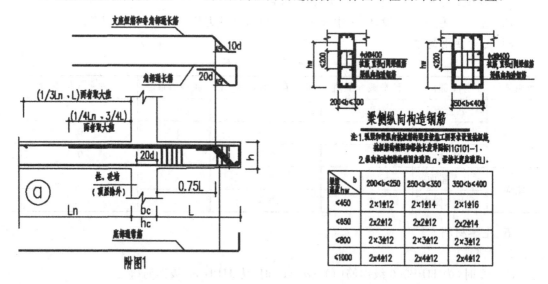

附图1

梁侧纵向构造钢筋

九、现浇板

1.板筋设计说明详见国标 11G101-1。

2.当相邻两块板高差≤40 mm 时,板面负筋构造见图二。

3.板下跌钢筋锚入梁或墙内 5d 且到梁中或墙中心线。

4. 板上孔洞应预留,一般结构平面图中只表示出洞口。

尺寸>300 的孔洞,施工时各工种必须根据各专业图纸配合土建预留全部孔洞。当洞口尺寸<300 时,不另设加钢筋,当洞口尺寸≥300 时,洞口每侧增设 2φ14 加筋,板角放射筋。

5. 板面设置有钢筋时,需要在相应的板上设置 φ6@600×600 马凳筋。

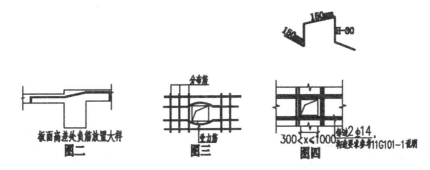

板面高差处负筋放置大样
图二　　　　　　图三　　　　　　图四

十、墙体结构

墙体转角或纵横墙相交位置设置相应尺寸的构造柱,框架柱间的墙长度大于 5 米时,在墙的中间位置设构造柱。

构造柱的尺寸为 240×墙宽,配筋为 4φ12,箍筋为 φ6@200,构造柱与墙体连接处预留马牙槎宽度为 60 mm,后砌的非承重隔墙与承重墙(柱)的交接处及砌体填充墙与柱交接处。

沿柱(墙)高每 500 布置 2φ6 拉结筋,拉结筋入柱(混凝土墙)200 mm,伸入墙内的长度 L 不应小于墙长的 1/5 且不小于 1000。

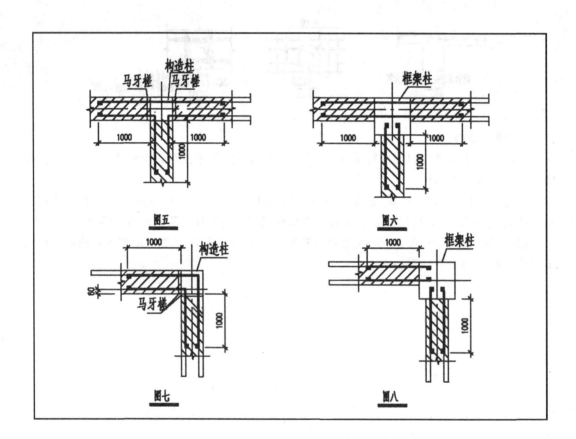

2. 当门、窗洞顶无结构梁时(不能用砖过梁),应另设过梁,其作法如下表。

门窗洞宽	h	①号钢筋	②号钢筋	横面
≤1300	200	2Φ8	2Φ12	
1300<L≤2000	250	2Φ10	2Φ14	
2000<L≤4000	300	2Φ10	2Φ16	
过梁宽度同墙宽度,其支座长度≥250				

注:(1) 当门窗洞顶高结构梁底高距小于过梁高度时,过梁与结构梁浇成整体,见图9。
　　(2) 当门窗洞紧贴主体结构柱(墙)或构造柱时,应预留插筋,锚入La·插筋应与过梁主筋焊接。

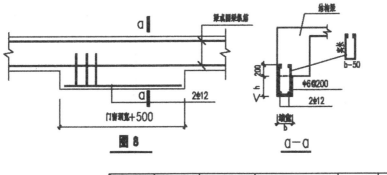

图8　　　　a—a

| 设计 | 赖彪 | 工程名称 | 办公楼 | 日期 | 20120515 |
| 审核 | | 图名 | 结构设计总说明 | 图号 | 结施-01 |

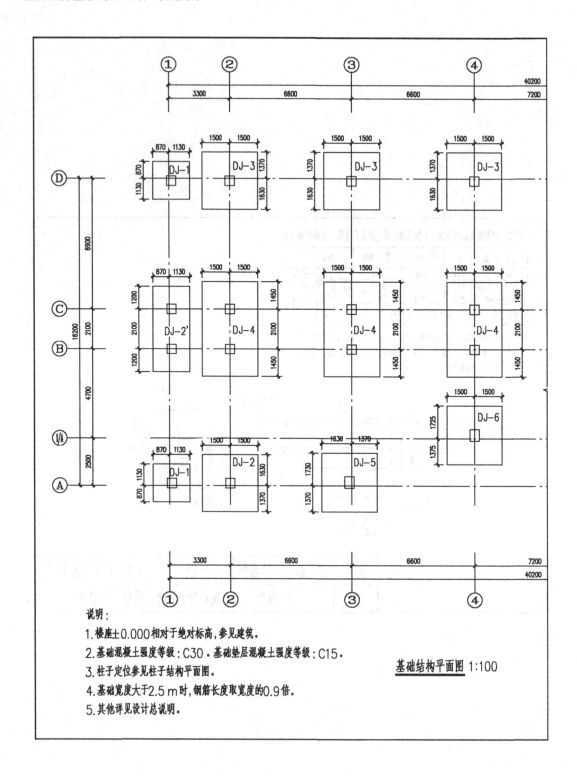

说明：

1. 楼座±0.000相对于绝对标高,参见建筑。

2. 基础混凝土强度等级：C30．基础垫层混凝土强度等级：C15．

3. 柱子定位参见柱子结构平面图。

4. 基础宽度大于2.5 m时,钢筋长度取宽度的0.9倍。

5. 其他详见设计总说明。

基础结构平面图 1:100

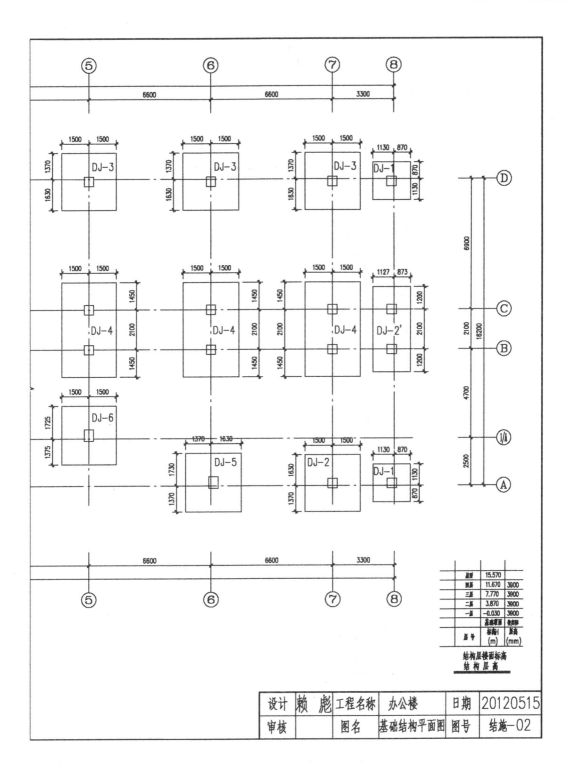

层号	结构层楼面标高标高1(m)	结构层高高2(mm)
屋面	15.570	
四层	11.670	3900
三层	7.770	3900
二层	3.870	3900
一层	-0.030	3900
基础顶面		

结构层楼面标高
结构层高

设计	赖　彪	工程名称	办公楼	日期	20120515
审核		图名	基础结构平面图	图号	结施-02

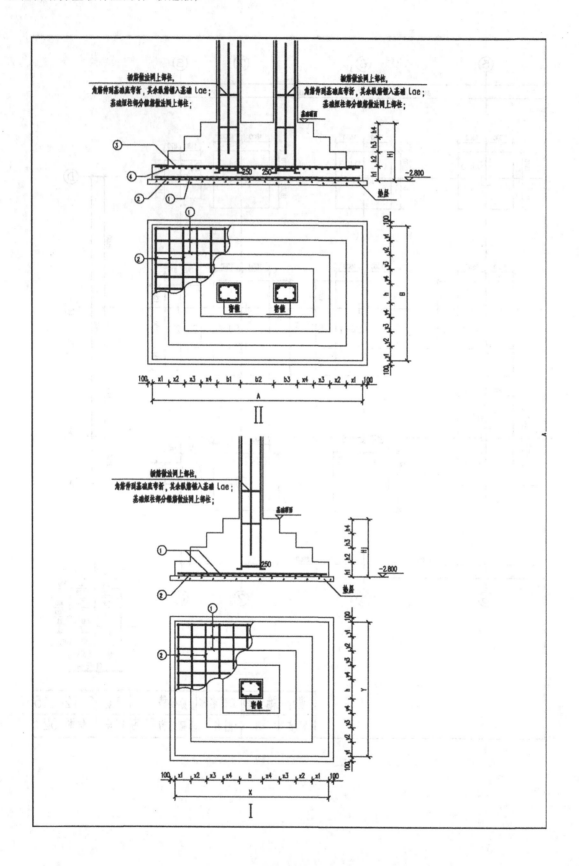

柱表

柱号	标高	bxh(圆柱直径)	角筋	b边一侧中部筋	h边一侧中部筋	箍筋型号	箍筋
KZ1	基础顶面~3.870	500X500	4Φ25	2Φ22	2Φ22	1(4X4)	Φ10@100/200
	3.870~15.570	500X500	4Φ25	2Φ20	2Φ20	1(4X4)	Φ8@100/200
KZ2	基础顶面~3.870	500X500	4Φ25	2Φ22	2Φ22	1(4X4)	Φ10@100/200
	3.870~15.570	500X500	4Φ25	2Φ20	2Φ20	1(4X4)	Φ8@100/200
KZ3	基础顶面~3.870	500X500	4Φ25	2Φ22	2Φ22	1(4X4)	Φ10@100/200
	3.870~15.570	500X500	4Φ25	2Φ20	2Φ20	1(4X4)	Φ8@100/200
KZ4	基础顶面~3.870	500X500	4Φ25	2Φ20	2Φ20	1(4X4)	Φ10@100/200
	3.870~15.570	500X500	4Φ25	2Φ20	2Φ20	1(4X4)	Φ8@100/200
KZ5	基础顶面~3.870	500X600	4Φ25	2Φ20	3Φ20	1(4X5)	Φ10@100/200
	3.870~15.570	500X600	4Φ25	2Φ20	3Φ20	1(4X5)	Φ8@100/200
KZ6	基础顶面~3.870	600X500	4Φ25	3Φ20	2Φ20	1(5X4)	Φ10@100/200
	3.870~15.570	600X500	4Φ25	3Φ20	2Φ20	1(5X4)	Φ8@100/200

H边数字轴线
B边数字轴线

基础表

基础编号	类型	基础平面尺寸						基础高度				基础底板配筋			
		X	x1	x2	Y	y1	y2	Hj	h1	h2	h3	①	②	③	④
DJ-1	I	2000	300		2000	300		700	350	350		Φ16@150	Φ16@150		
DJ-2	I	3000	500		3000	500		700	350	350		Φ16@150	Φ16@150		
DJ-2'	II	4500	500		2000	300		700	350	350		Φ16@150	Φ16@150	Φ16@150	Φ16@150
DJ-3	I	3000	500		3000	500		700	350	350		Φ16@150	Φ16@150		
DJ-4	II	5000	500		3000	500		700	350	350		Φ16@150	Φ16@150	Φ16@150	Φ16@150
DJ-5	I	3000	500		3000	500		700	350	350		Φ16@150	Φ16@150		
DJ-6	I	3100	500		3100	500		700	350	350		Φ16@150	Φ16@150		

说明
1. 钢筋强度设计值 300 N/mm²，地基承载力特征值 =180 kN/m。
2. 当基础底边长度A或B大于3米时，该方向的钢筋长度可 缩短10%，并交错放置，与垂h方向平行的基础底板钢筋。
3. 本工程基础的混凝土用C30。
4. 预留柱的箍筋密度及其型式和底层柱的箍筋相同。
5. 基础底板的钢筋保护层厚度为40。
6. 垫层用C10混凝土，厚度为100。
7. 内外地台高差为470。
8. 本表尺寸单位为毫米，标高为米。

设计	赖彪	工程名称	办公楼	日期	20120515
审核		图名	基础表 柱表	图号	结施-03

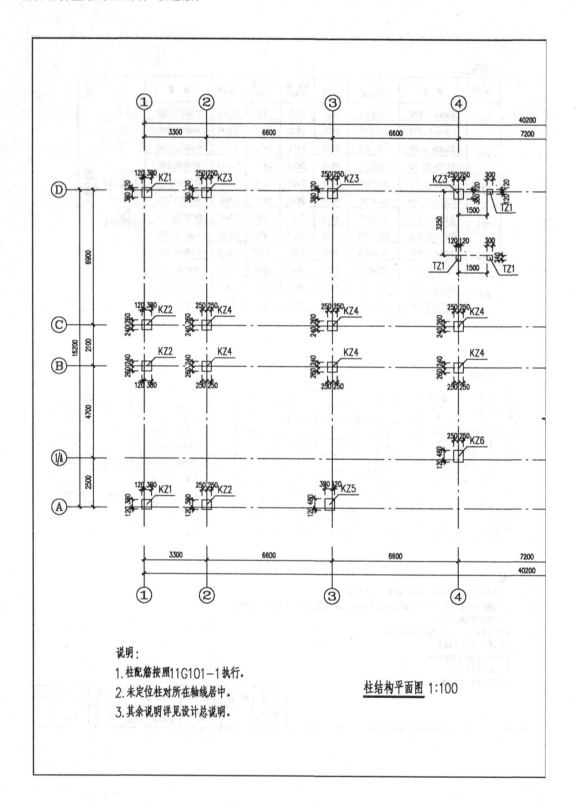

说明:
1.柱配筋按照11G101-1执行.
2.未定位柱对所在轴线居中.
3.其余说明详见设计总说明.

柱结构平面图 1:100

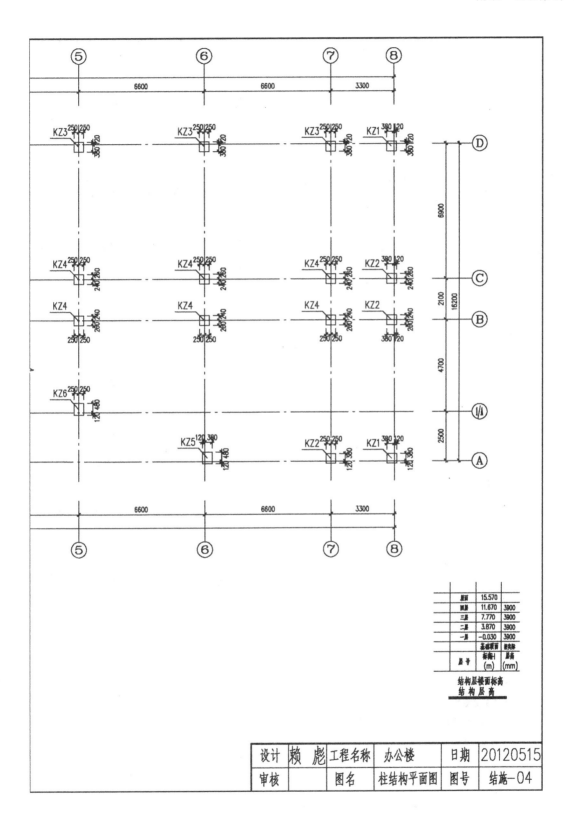

屋面	15.570	
四层	11.670	3900
三层	7.770	3900
二层	3.870	3900
一层	-0.030	3900
基础顶面		按实际
层 号	标高H (m)	层高 (mm)

结构层楼面标高
结 构 层 高

设计	赖 彪	工程名称	办公楼	日期	20120515
审核		图名	柱结构平面图	图号	结施-04

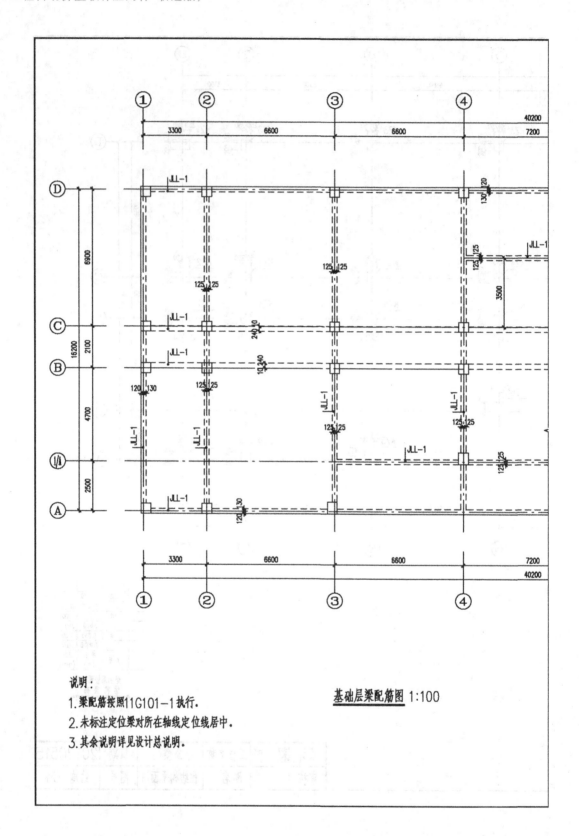

基础层梁配筋图 1:100

说明：
1. 梁配筋按照11G101-1执行.
2. 未标注定位梁对所在轴线定位线居中.
3. 其余说明详见设计总说明.

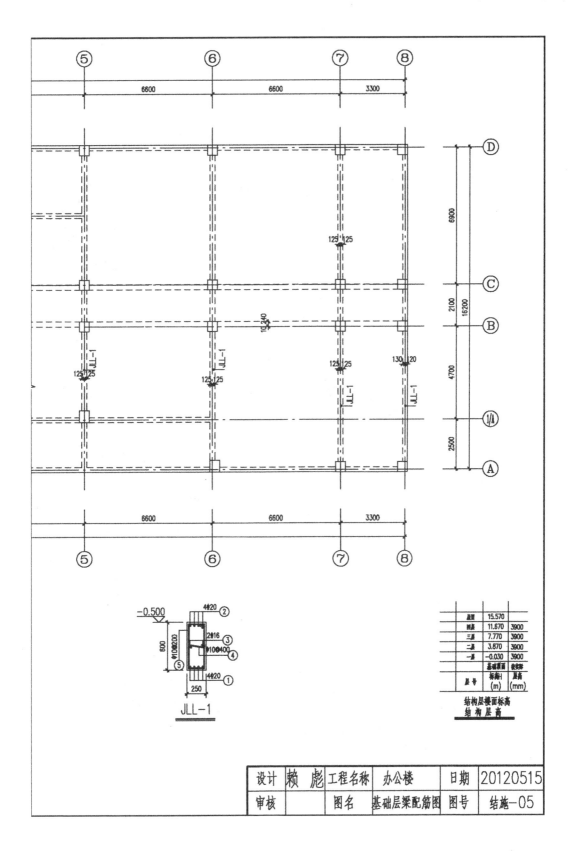

JLL-1

设计	赖　彪	工程名称	办公楼	日期	20120515
审核		图名	基础层梁配筋图	图号	结施-05

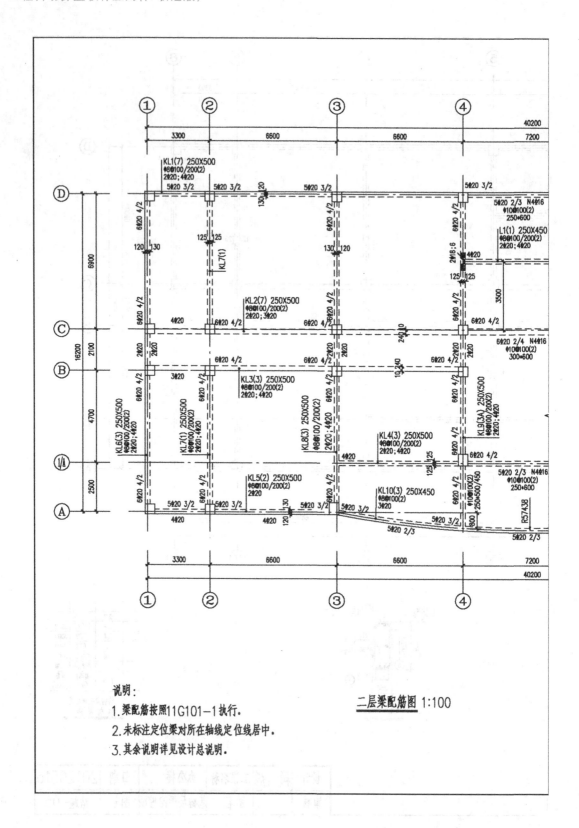

说明:
1. 梁配筋按照11G101-1执行.
2. 未标注定位梁对所在轴线定位线居中.
3. 其余说明详见设计总说明.

二层梁配筋图 1:100

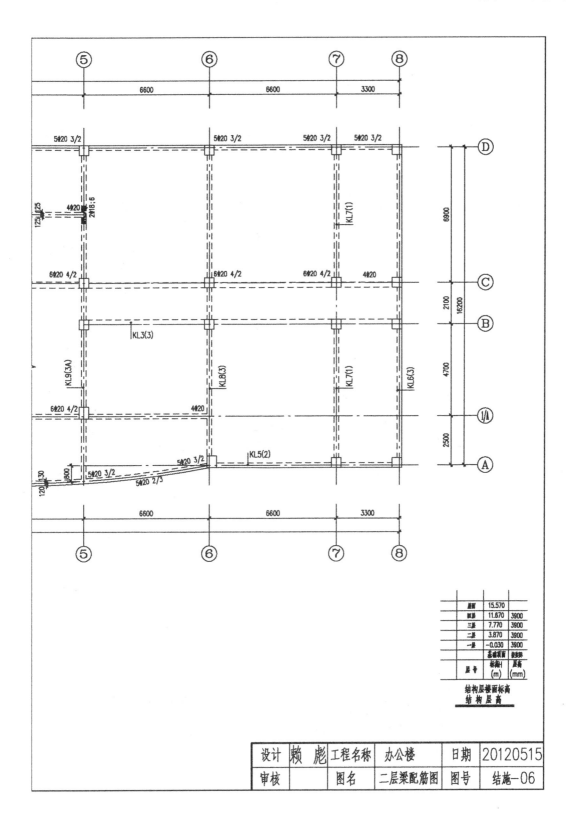

层号	标高(m)	层高(mm)
屋面	15.570	
四层	11.670	3900
三层	7.770	3900
二层	3.870	3900
一层	-0.030	3900
基础顶面	嵌固标高	

结构层楼面标高
结构层高

设计	赖彪	工程名称	办公楼	日期	20120515
审核		图名	二层梁配筋图	图号	结施-06

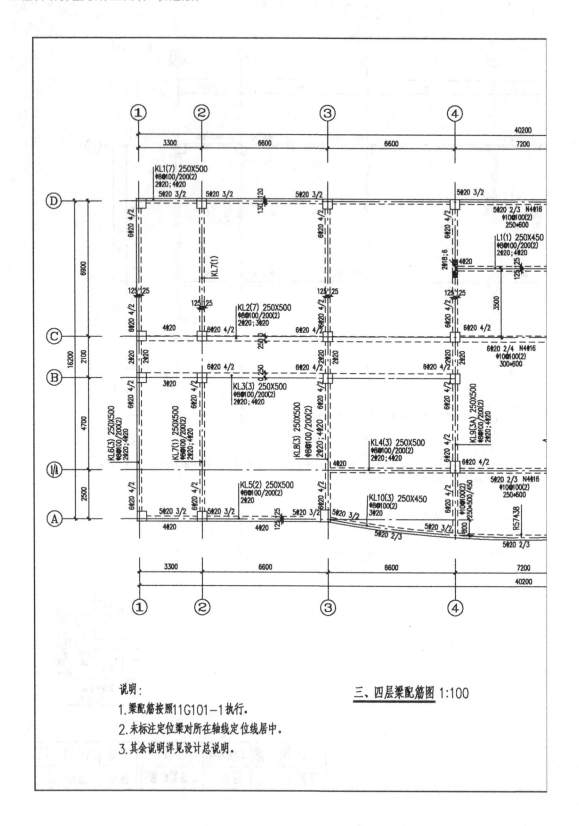

说明:
1.梁配筋按照11G101-1执行.
2.未标注定位梁对所在轴线定位线居中.
3.其余说明详见设计总说明.

三、四层梁配筋图 1:100

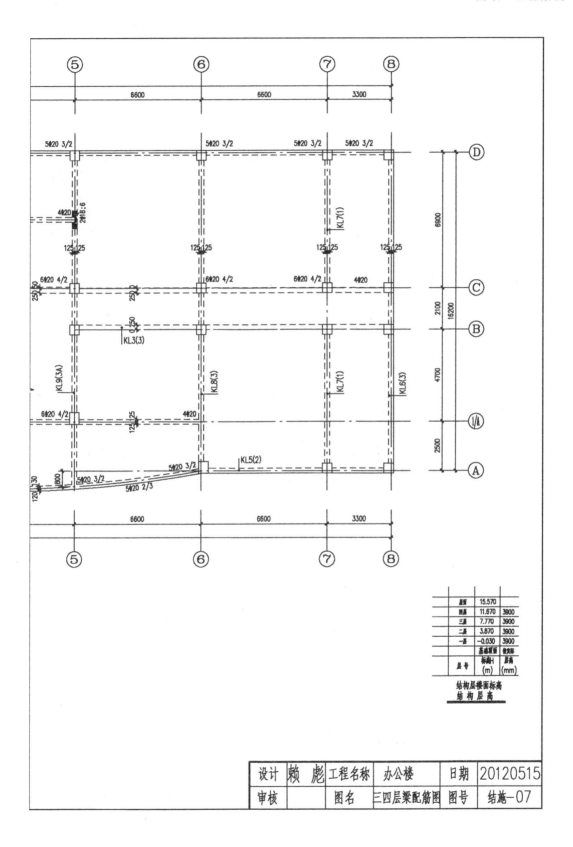

层号	标高H (m)	层高 (mm)
屋顶	15.570	
四层	11.670	3900
三层	7.770	3900
二层	3.870	3900
一层	-0.030	3900
基础顶面	标高H (m)	层高 (mm)
层号	标高H (m)	层高 (mm)

结构层楼面标高
结构层高

设计	赖彪	工程名称	办公楼	日期	20120515
审核		图名	三四层梁配筋图	图号	结施-07

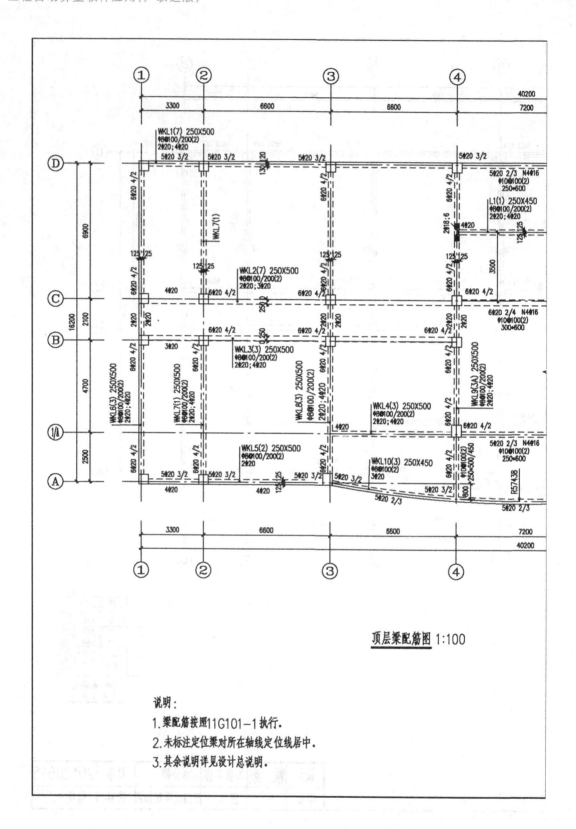

顶层梁配筋图 1:100

说明:

1. 梁配筋按照11G101—1执行.

2. 未标注定位梁对所在轴线定位线居中.

3. 其余说明详见设计总说明.

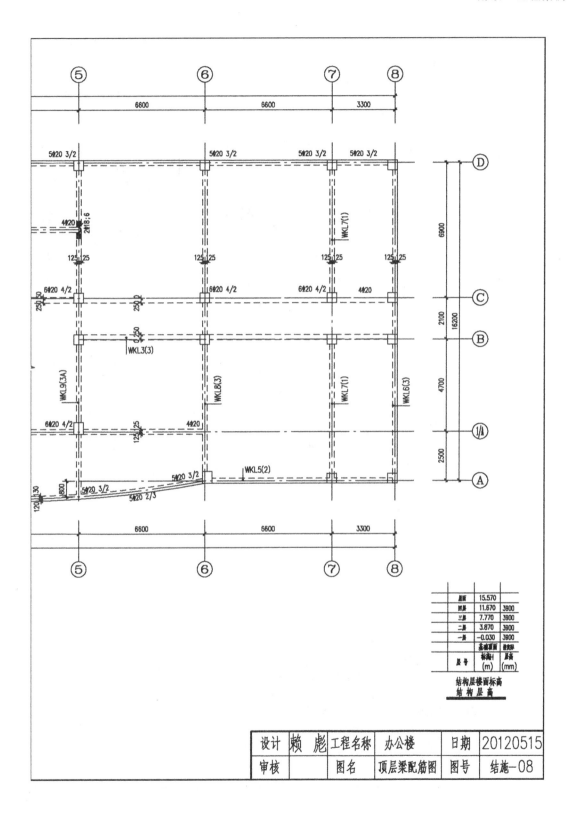

设计	赖彪	工程名称	办公楼	日期	20120515
审核		图名	顶层梁配筋图	图号	结施-08

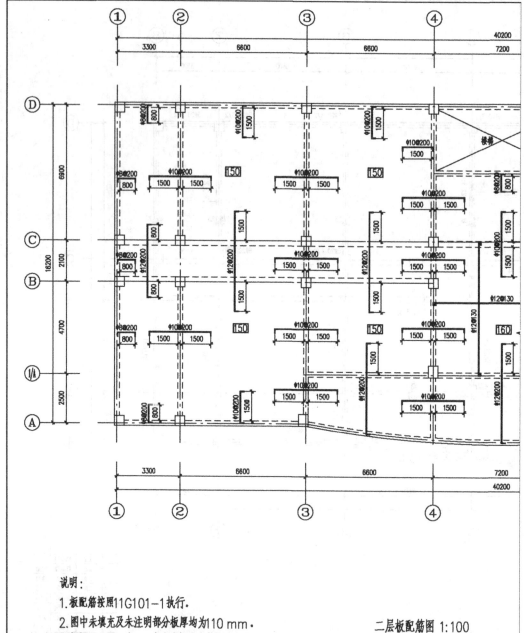

说明:

1.板配筋按照11G101-1执行。

2.图中未填充及未注明部分板厚均为110mm。

3.板厚h=110mm,未注明板底配筋均为双向φ8@150;
板厚h=150mm,未注明板底配筋均为双向φ10@130。

4.支座负筋板内弯折长度为(板厚-2*保护层)
板厚h=160mm,分布筋为φ8@200。
板厚h=150mm,分布筋为φ6@200,除说明外板分布筋均为φ6@250。

5.其余说明详见设计总说明。

二层板配筋图 1:100

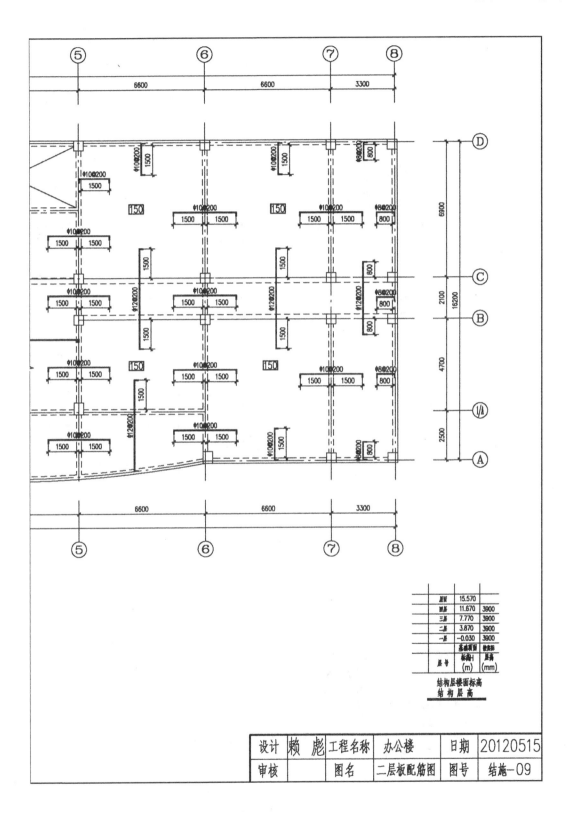

屋面	15.570	
四层	11.670	3900
三层	7.770	3900
二层	3.870	3900
一层	-0.030	3900
基础顶面		按表标
层 号	标高H (m)	层高 (mm)

结构层楼面标高
结 构 层 高

设计	赖 彪	工程名称	办公楼	日期	20120515
审核		图名	二层板配筋图	图号	结施-09

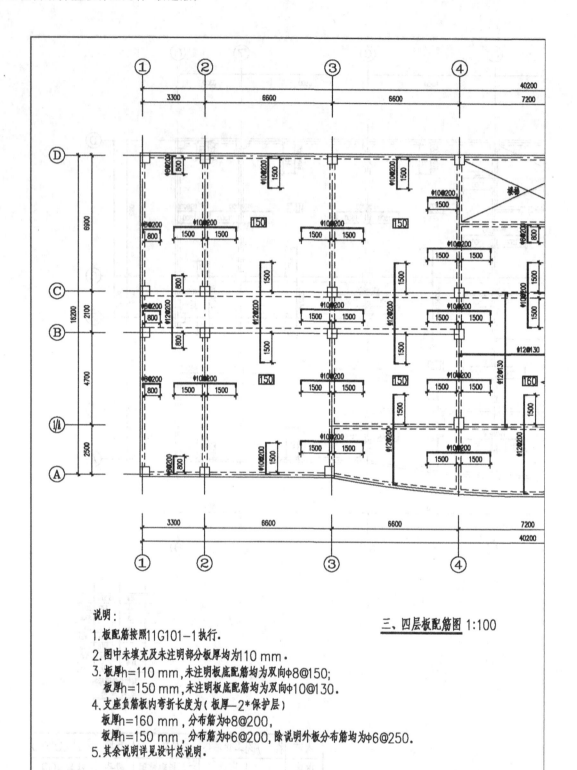

说明:

1. 板配筋按照11G101-1执行.

2. 图中未填充及未注明部分板厚均为110 mm.

3. 板厚h=110 mm,未注明板底配筋均为双向φ8@150;
   板厚h=150 mm,未注明板底配筋均为双向φ10@130.

4. 支座负筋板内弯折长度为(板厚-2*保护层)
   板厚h=160 mm,分布筋为φ8@200,
   板厚h=150 mm,分布筋为φ6@200,除说明外板分布筋均为φ6@250.

5. 其余说明详见设计总说明.

三、四层板配筋图 1:100

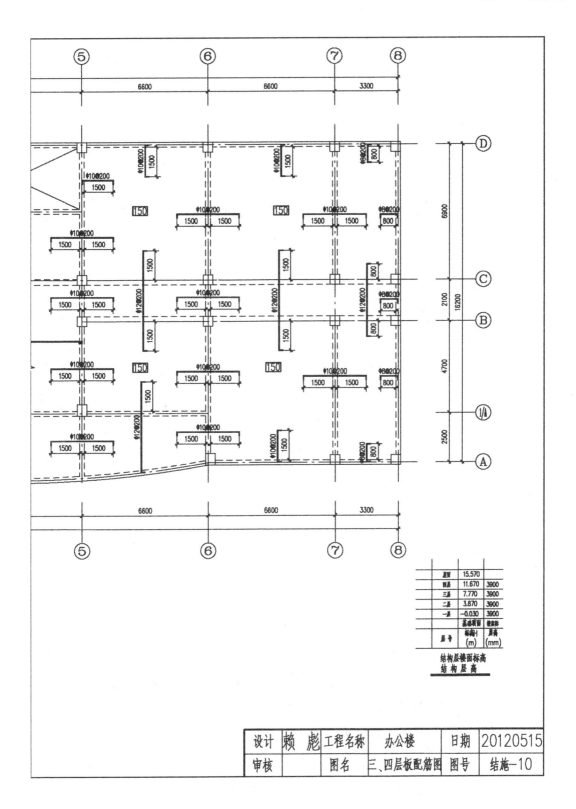

顶层	15.570	
四层	11.670	3900
三层	7.770	3900
二层	3.870	3900
一层	-0.030	3900
基础顶面		垫实标
层号	标高 (m)	层高 (mm)

结构层楼面标高
结 构 层 高

设计	赖 彪	工程名称	办公楼	日期	20120515
审核		图名	三、四层板配筋图	图号	结施-10

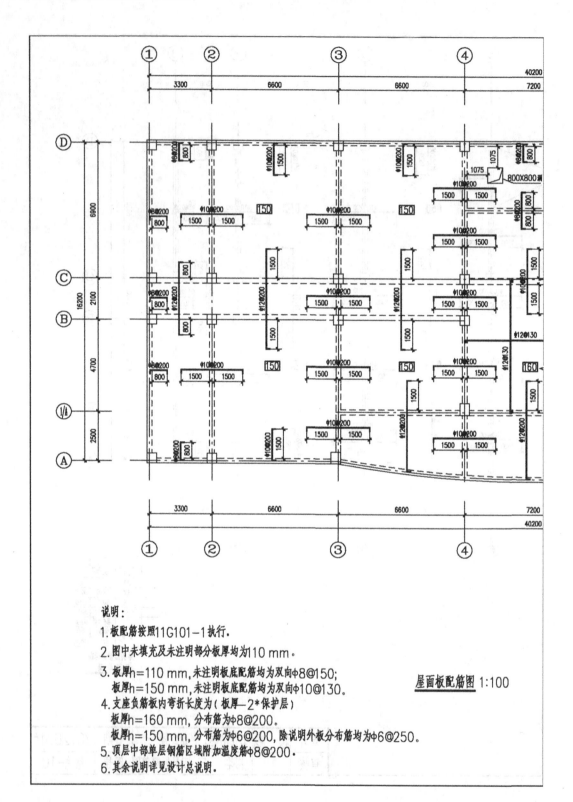

屋面板配筋图 1:100

说明:

1. 板配筋按照11G101-1执行.

2. 图中未填充及未注明部分板厚均为110 mm.

3. 板厚h=110 mm, 未注明板底配筋均为双向φ8@150;
   板厚h=150 mm, 未注明板底配筋均为双向φ10@130.

4. 支座负筋板内弯折长度为(板厚-2*保护层)
   板厚h=160 mm, 分布筋为φ8@200.
   板厚h=150 mm, 分布筋为φ6@200, 除说明外板分布筋均为φ6@250.

5. 顶层中部单层钢筋区域附加温度筋φ8@200.

6. 其余说明详见设计总说明.

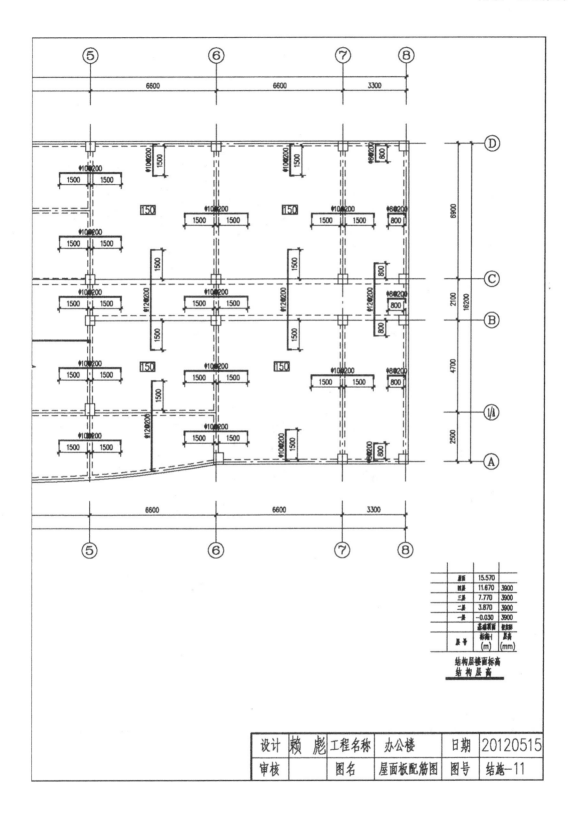

屋面	15.570	
四层	11.670	3900
三层	7.770	3900
二层	3.870	3900
一层	-0.030	3900
层号	标高H (m)	层高 (mm)

结构层楼面标高
结构层高

设计	赖彪	工程名称	办公楼	日期	20120515
审核		图名	屋面板配筋图	图号	结施-11

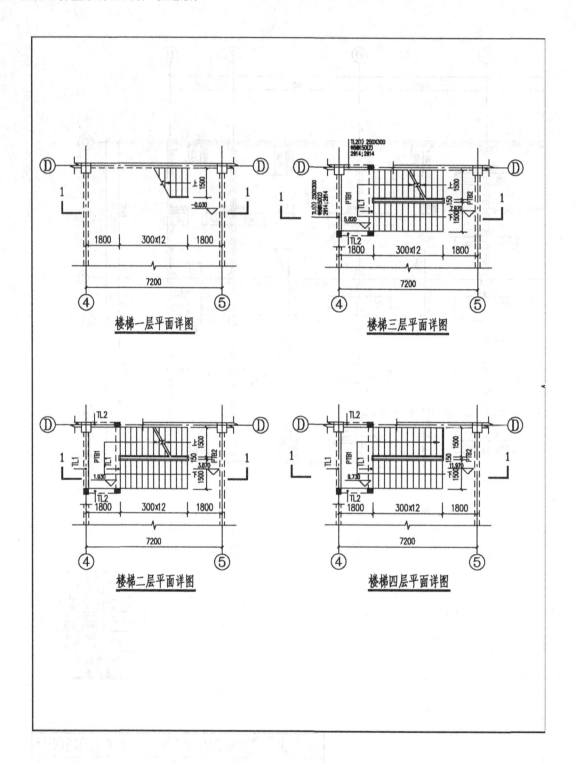

楼梯一层平面详图

楼梯三层平面详图

楼梯二层平面详图

楼梯四层平面详图

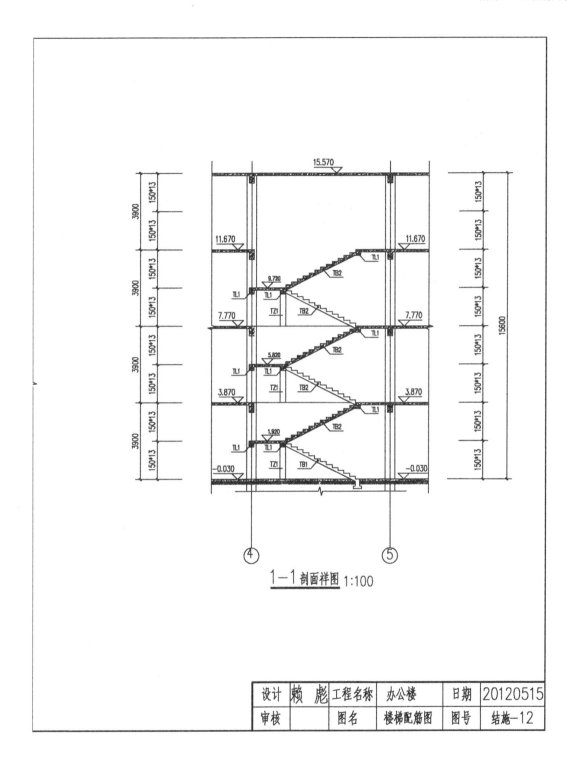

1-1 剖面祥图 1:100

设计	赖 彪	工程名称	办公楼	日期	20120515
审核		图名	楼梯配筋图	图号	结施-12

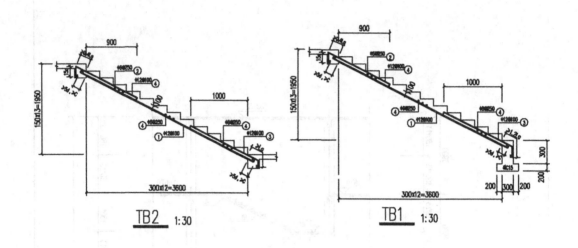

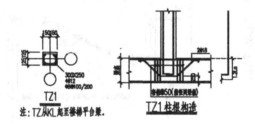

注：TZ从KL起至楼梯平台梁.

TZ1柱梁构造

说明：
1.所有平台都PTB厚为100，板筋双层双向φ8@150；
2.未注明板分布筋为φ6@250。

参 考 文 献

[1] 中华人民共和国住房和城乡建设部.建设工程工程量清单计价规范(GB 50500—2013).北京:中国计划出版社,2013.

[2] 中华人民共和国住房和城乡建设部.混凝土结构设计规范(GB 50010—2010).北京:中国建筑工业出版社,2010.

[3] 中国建筑科学研究院.混凝土结构工程施工质量验收规范(GB 50204—2002).北京:中国建筑工业出版社,2002.

[4] 中国建筑标准设计研究所.建筑物抗震构造详图(11G329—1).北京:中国计划出版社,2010.

[5] 中国建筑标准设计研究所.混凝土结构施工图平面整体表示方法制图规则及构造详图(系列图集)[M].北京:中国计划出版社,2011.

[6] 张向荣.透过案例学算量——建筑工程实例算量和软件应用[M].北京:中国建材工业出版社,2011.